超可爱手作

婴儿玩具、服饰、收纳包

[土] 艾伊达·阿尔金 著
火焰的味道 译

河南科学技术出版社
· 郑州 ·

图书在版编目（CIP）数据

超可爱手作婴儿玩具、服饰、收纳包 /（土）艾伊达·阿尔金著；火焰的味道译．— 郑州：河南科学技术出版社，2019.1

ISBN 978–7–5349–9315–2

Ⅰ．①超…　Ⅱ．①艾…　②火…　Ⅲ．①手工艺品–制作　Ⅳ．①TS973.5

中国版本图书馆 CIP 数据核字（2018）第 168919 号

出版发行：河南科学技术出版社
地址：郑州市经五路66号　　邮编：450002
电话：（0371）65737028　　65788613
网址：www.hnstp.cn

策划编辑：梁莹莹
责任编辑：梁莹莹
责任校对：司丽艳
封面设计：张　伟
责任印制：张艳芳
印　　刷：河南新达彩印有限公司
经　　销：全国新华书店
开　　本：889 mm×1194 mm　1/20　　印张：7　　字数：190千字
版　　次：2019年1月第1版　　2019年1月第1次印刷
定　　价：59.00 元

如发现印、装质量问题，影响阅读，请与出版社联系并调换。

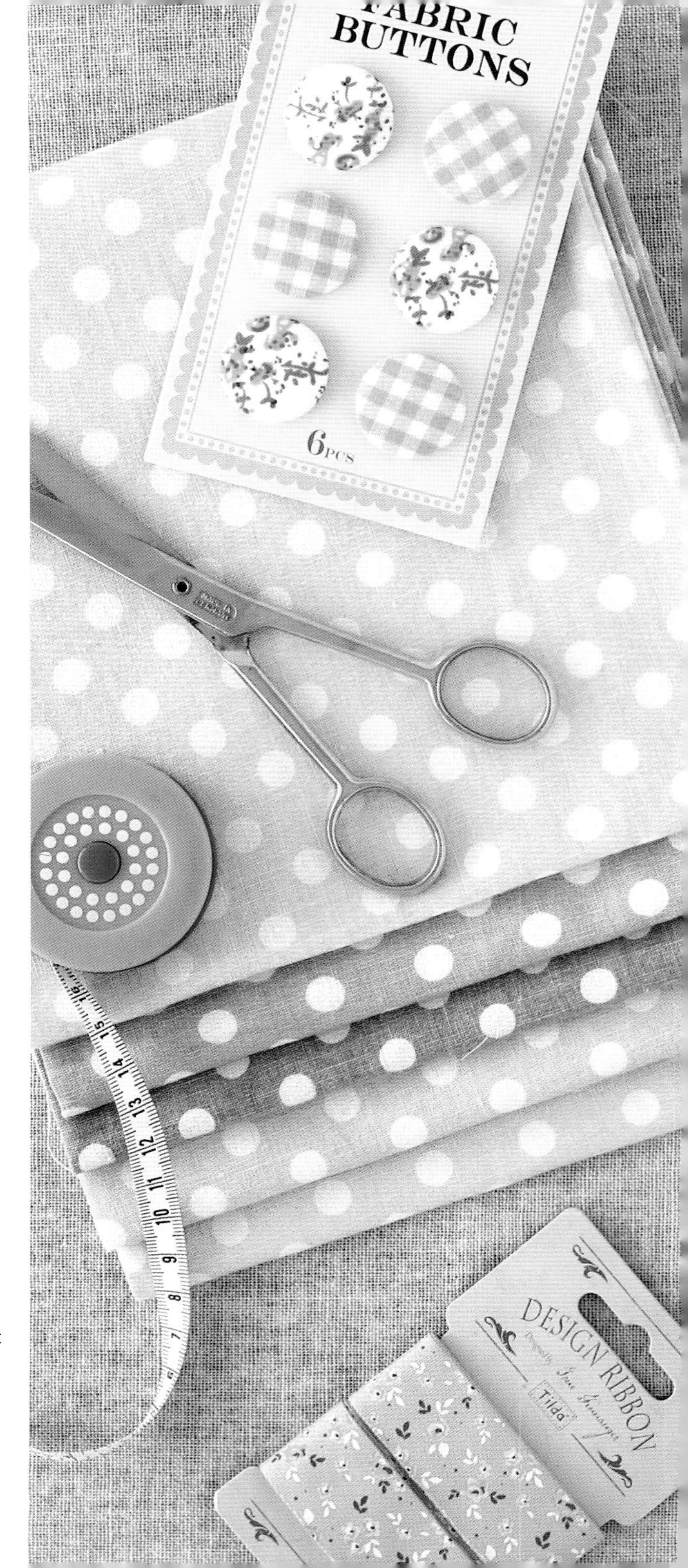

前言

我从小就很喜欢娃娃，直到今天也是！我在高中之前一直喜欢玩过家家，自己给娃娃做衣服。妈妈做裙子剩下的布块常常是我的灵感来源和宝贵财富。

我的妈妈是一个很棒的裁缝，她会为我和姐姐做超级漂亮的衣服，大部分衣服的款式我到现在都还记得！虽然那时候我没有碰过缝纫机，但是对手工艺的好奇心和热爱深得她的真传。还有我的姑姑们，她们不仅有着高超的技艺，还很富有创造力。

我18岁离开家到伊斯坦布尔去上大学，繁重的课业令我无暇顾及业余爱好。直到2011年工作量减少，我为自己的爱好找到了时间，从此打开了一个新的世界。后来我在网上开了博客，分享喜欢的手工艺品以及对家居装饰的想法。我沉醉于和世界分享创造的乐趣，分享的越多，学到的就越多。当看到我的作品能把快乐带给周围的人时，我对手工艺的热爱更深了。

同一年，姐姐送给了我一台缝纫机作为生日礼物，由此我展开了缝纫大冒险。我从来没想到机器缝纫能那么有趣！

我没有参加过正式的缝纫培训——但是找到了自己的方法，看了大量的视频，得到了许多有才华的缝纫博主的启发。在这个过程中我犯过很多错误，但我也在不断地学习，这才是最棒的事！

我喜欢缝纫东西给小婴儿，或者缝纫小礼物送给朋友们。婴儿的出生是庆祝的好机会，也是准备手工礼物的好机会。在一个流行“买买买”的消费世界里，亲手制作一件带有温度和充满爱心的礼物才是更为珍贵的。

这本书里有很多可爱的小东西，可以制作给你自己的孩子或者给亲朋好友的宝贝。这些作品简单、可爱，可以轻松愉快地完成。这本书既包含了初学者需要掌握的基本知识，又可以给经验丰富的手工者带来有趣的想法。希望你们能喜欢。

艾伊达·阿尔金

目录

基础知识

作品 15

基础知识

缝纫工具

缝纫这件事，如果没有好用的工具，即使是专业缝纫者也很难做出好作品。选择缝纫工具时要特别注重质量。精良的工具可以让你的缝纫过程变得更容易也更愉快！下面列出的所有工具都可以在缝纫用品商店或网上商店买到。

1. 切割垫
2. 轮刀
3. 拼布尺
4. 布用胶
5. 可消笔（热消笔或水消笔）
6. 手缝针和珠针
7. 热熔衬
8. 喷胶
9. 画粉
10. 剪刀
11. 绣绷
12. 卷尺
13. 拆线器
14. 熨斗

实用技法

英式硬纸拼布

1 在本书“纸型”部分找到贝壳图案的纸型，将其复制到卡纸上并剪下做成模板。准备出你的成品所需要的贝壳模板。

2 将贝壳模板放在布料的反面，留0.6cm的缝份，剪下布片。

3 沿着贝壳模板的长弧边涂布用胶，将布边折向模板，整理好弧度并用手指按压贴在模板上。完成一个贝壳。

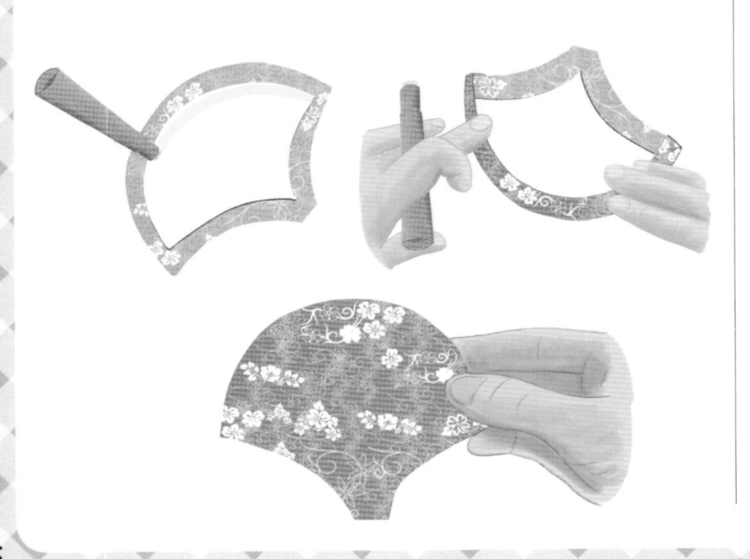

4 按成品所需的数量准备相应数量的贝壳。取两片贝壳，正面相对对齐。从贝壳长弧边的起点开始，缝三针卷针（间隔1mm），将两片贝壳连接在一起。使用和布料颜色相近的细线，可避免在成品正面露出线迹。用同样的方法将第一排5片贝壳缝在一起。

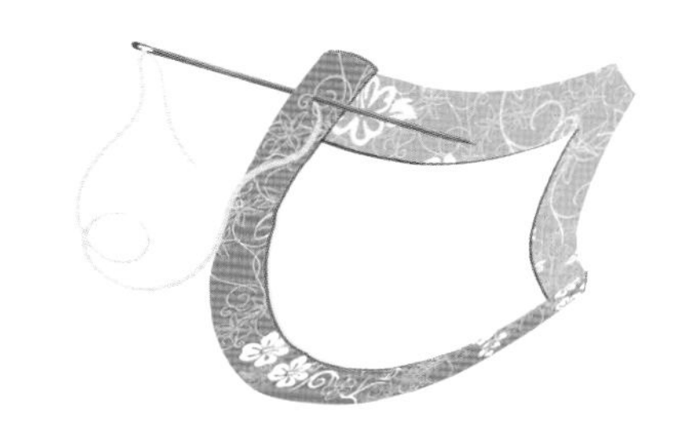

5 准备一片底布，尺寸大于第一排的贝壳，如图所示在上面放一排贝壳（5个）。

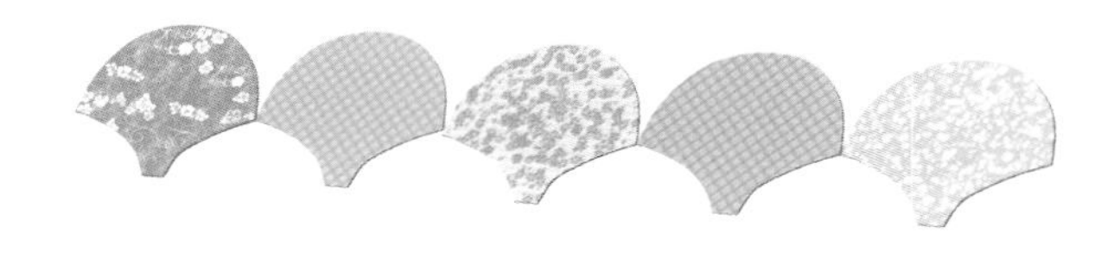

6 沿长度方向折叠底布，并熨出折痕。这将作为这一排贝壳的上边缘。

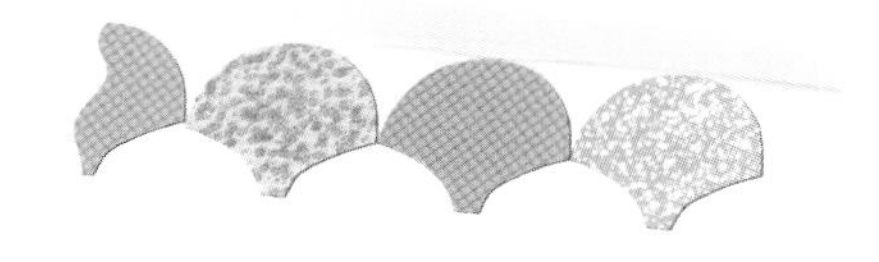

7 小心地取出纸型。在贝壳的长弧边上涂上少量的布用胶。

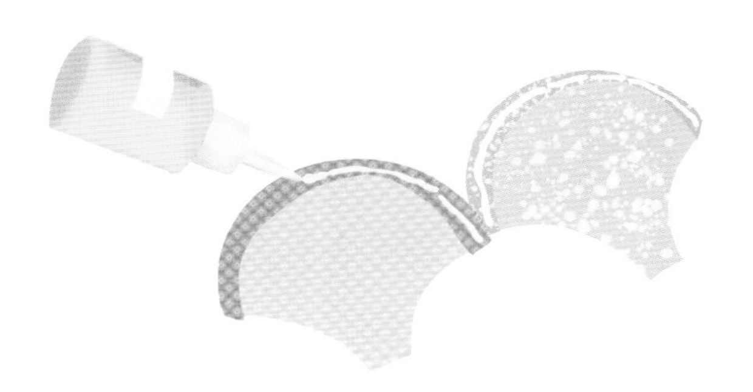

8 将第一排贝壳粘到底布上，用刚才熨烫出的底布上的折痕作为上边缘，用熨斗熨烫定型。沿贝壳的长弧边把贝壳贴缝在底布上，针距2~3mm。

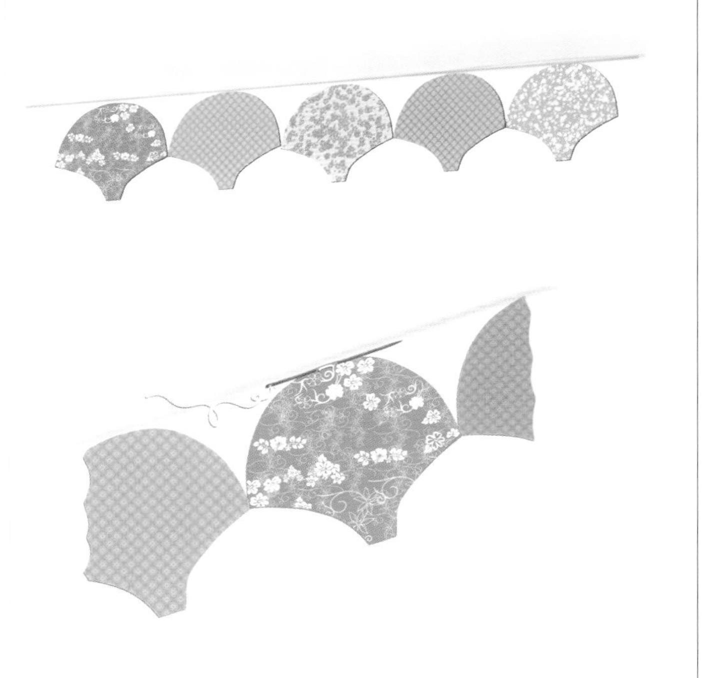

9 用同样的方法贴缝第二排贝壳（4片）。涂好布用胶之后，将第二排贝壳贴在第一排贝壳上。如图所示，把第二排贝壳的长弧边的中点对准第一排贝壳的两两连接点。将第二排贝壳的长弧边贴缝在第一排贝壳上面。重复此步骤继续贴缝更多排的贝壳，直到符合作品的尺寸。

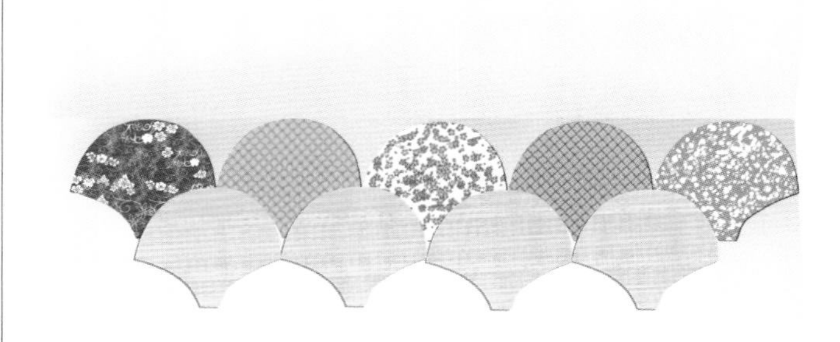

包边条

包边条在本书几个作品中都有应用。这种包边技巧可以让你的作品有一个专业又利落的造型。

你可以买现成的已经折叠、熨烫好的包边条，也可以按照下面的说明自制包边条。

1 沿布料45° 角斜裁布条，布条宽度是包边宽度的4倍。如图所示缝合连接。

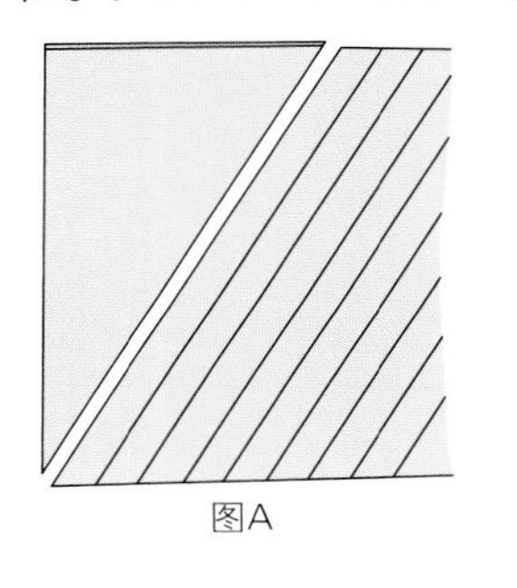
图A

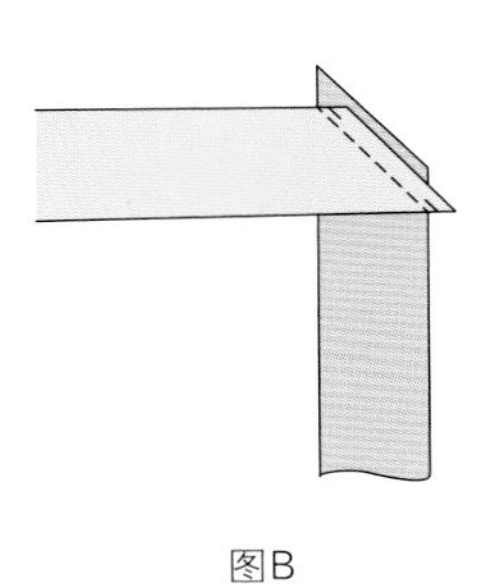
图B

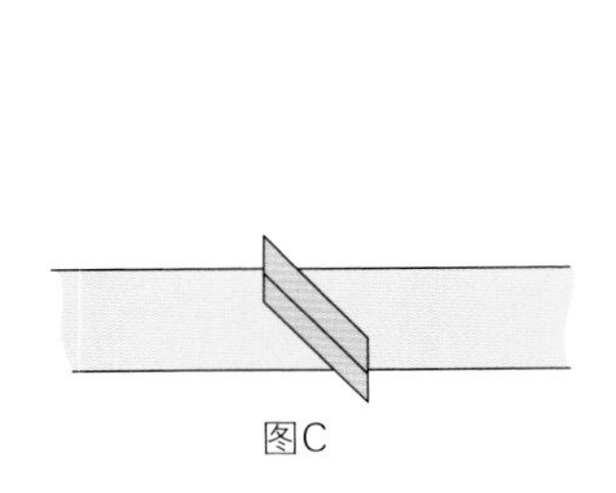
图C

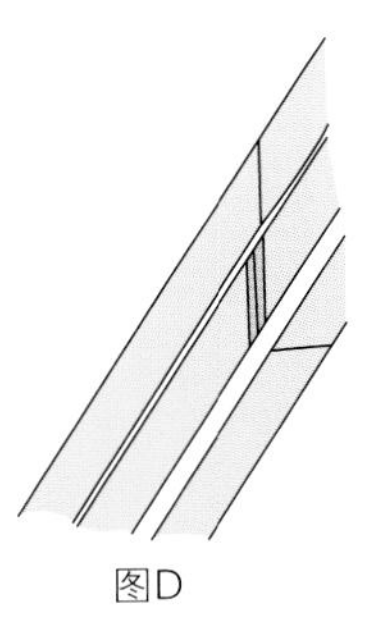
图D

2 将连接好的包边条沿长度方向对折，熨出折痕。再打开，将两侧布边都对准中心线折叠（如图所示），再次熨烫。自制包边条完成。

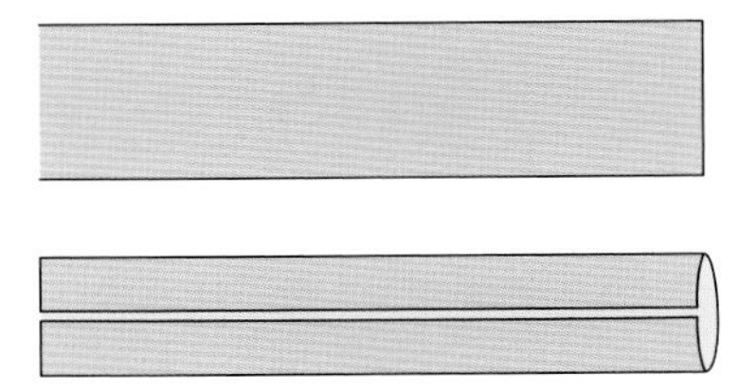

包边

1 打开已经折叠、熨烫好的包边条，与需要包边的作品正面相对，用珠针别好，边缘对齐，留0.6cm缝份缝合。

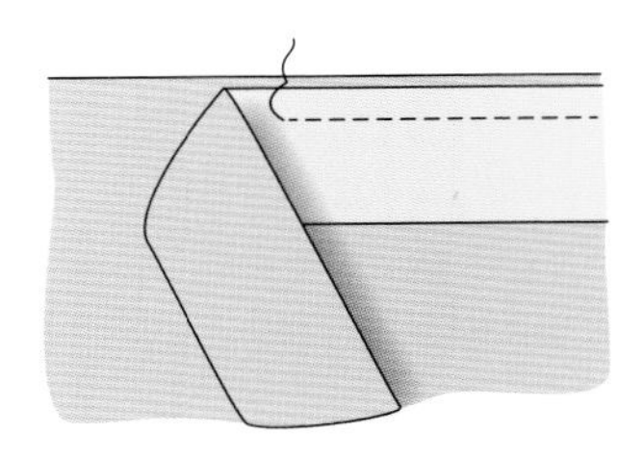

2 包至转角处时，如图所示，将包边条折成90°，重叠的地方折向一侧，使包边条边缘与布边对齐。

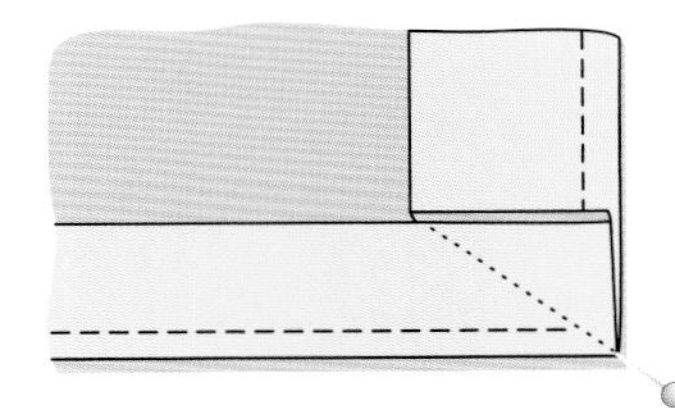

3 包至起点处时，留下等同于包边条宽度的缝份，剪去多余的包边条。如图所示将包边条的尾端成90°相接，与布边成45° 画一条线并沿线缝合。留0.6cm缝份，剪去多余的布。除了45° 连接，也可以平着连接。熨开缝份，完成一圈的缝合。

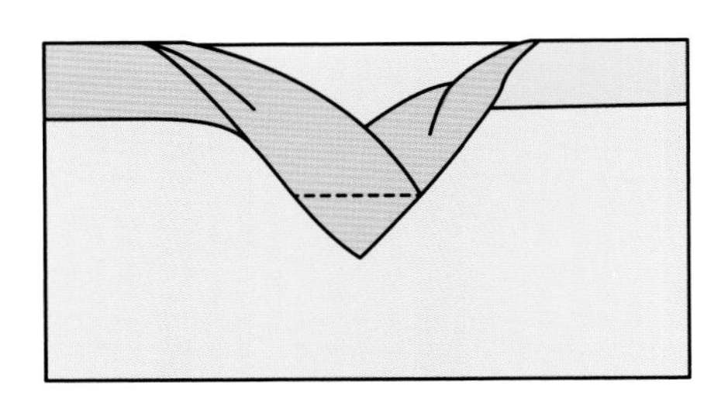

4 将缝在作品正面的包边条翻折至布料反面，缝份向内折，折痕处贴缝固定在作品反面。在转角处，将包边条反向折叠，继续贴缝。

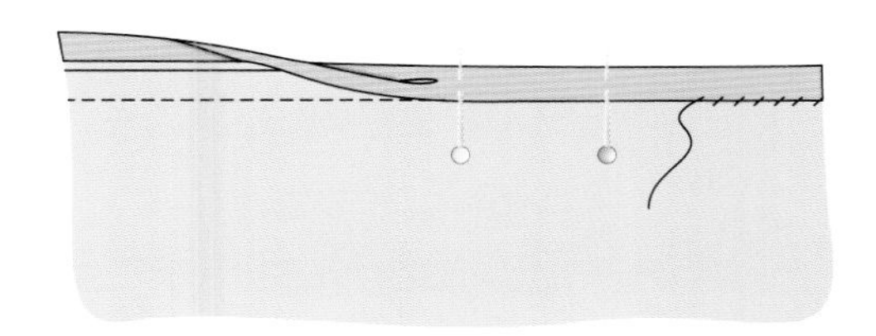

压线

压线是为了把几层材料固定在一起。一般两层布缝合后，可以用平针缝再压线固定。如果在布料中间加上铺棉后再压线，参考下面的步骤。

1 准备表布：表布通常是由拼布或贴布制作而成的。表布完成后，必须熨烫平整。

2 疏缝：将表布、铺棉和里布（或坯布）三层疏缝在一起。如果是制作给婴儿的，最好选用天然材质的铺棉，比如全棉铺棉。三层之间可以用疏缝别针或者喷胶固定。我常常选用喷胶，这样三层之间不容易起鼓泡。

喷胶固定的方法：将铺棉置于平台上，里布正面朝上放于铺棉之上。里布对折，将喷胶均匀喷至铺棉上，然后将里布小心地展开铺平。用手轻轻抚平皱褶。用同样的方法处理另一半里布：折起，喷胶，铺平。

3 压线：压线是将三层材料（表布、铺棉、里布）缝合在一起。压线可采用手缝压线或者机缝压线的方式。这本书里的小作品都采取了手缝压线的方式，这样压出来的作品有一种怀旧的感觉。如果采用手缝压线，要记得先埋线：线打结后将线结拉入里布，留在铺棉层中，这样线结不会露在表布或里布上。

毛边贴布

毛边贴布的要点：如果在贴布时使用深色线，图案的边缘将会比较突出。如果在图案边缘贴布缝缝两次，线迹会更突出，同时边缘也更加牢固。

1 将贴布图案复制到卡纸上，剪下作为模板。将模板放在热熔衬反面的衬纸上，用铅笔描图。

2 沿模板剪下，将热熔衬的带胶面放在用于贴布的布料的反面，用熨斗熨烫5~10秒。

3 沿铅笔画线剪下贴布布片。

4 剥去反面衬纸，将贴布布片按对应位置放在贴布底布上。确保所有相邻的贴布布片稍微重叠，并且各片重叠的顺序正确，然后熨烫。熨烫5~10秒，使各贴布布片粘贴至底布上。熨烫过程中不要移动熨斗，以防贴布布片变形移位。

5 缝纫机调成短针线迹，尽可能靠近贴布布片的边缘缝合一圈固定。用深色线可以产生比较特别的效果，用浅色线比较隐蔽。

流苏的制作

1 将一块卡纸剪至合适的长度。

2 将制作流苏用的线在卡纸上缠绕需要的圈数。

3 将一根线对折，从线圈中穿过，在顶部系紧、打结。

4 将线圈中的卡纸抽出，剪开流苏末端，用另一根线在流苏顶部绕数圈后扎紧。

5 把流苏末端修剪整齐。

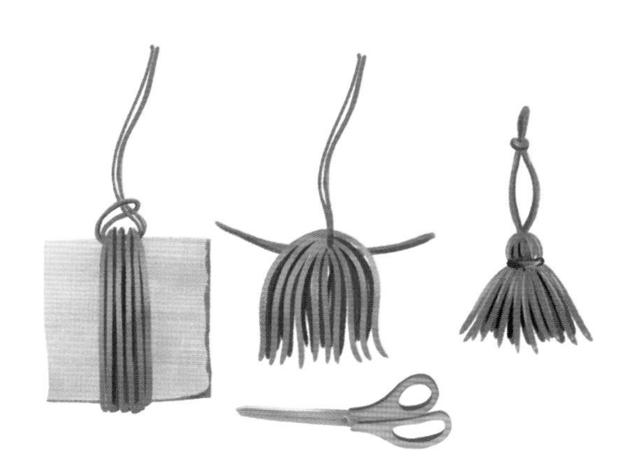

手缝针法

平针缝

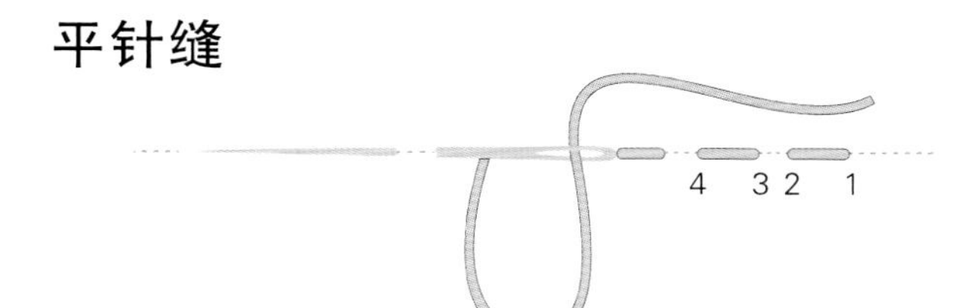

平针缝常用于缝轮廓线、缝直线或曲线、手缝压线。
从右向左缝。从1点出针，2点入针，3点出针，4点入针，依此重复。两个线迹的间距可以与线迹长度相等，也可以略短，效果会有所不同。

要点：
保持线迹张力均匀，不要过分拉线，以防布料起皱。

回针缝

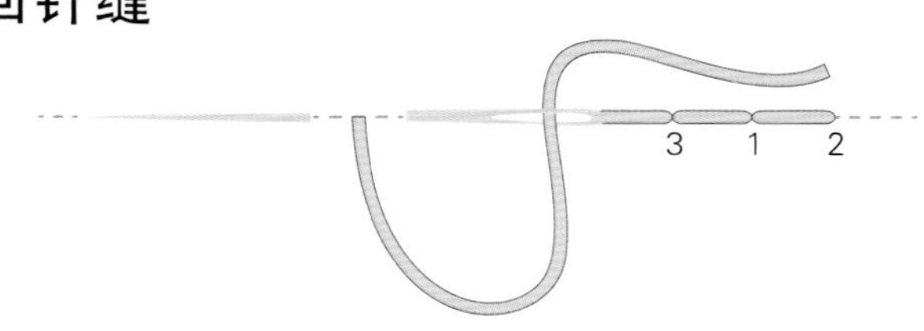

回针缝常用于缝轮廓线、缝直线或曲线。应用在刺绣中时也叫“回针绣”。
从右向左缝。从1点出针，2点入针，3点出针，1点入针，依此重复。

要点：
缝曲线时，针距适当缩小效果会更好。

卷针缝

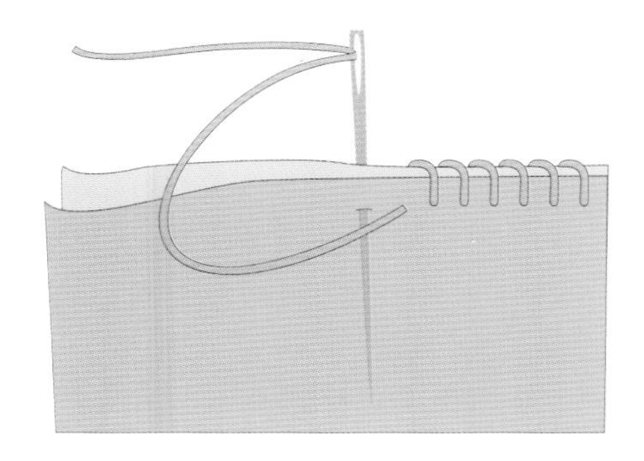

卷针缝也许是手缝时最快最容易的一种针法了，可以用在各种作品中。也适用于各种玩偶布料的缝合（比如羊毛毡或毛皮等）。
把两块布料正面相对，针从一块布料的反面穿入，穿过两块布，从另一块布的反面穿出。将线绕过两块布料的边缘，并再次从第一块布料的反面入针，穿过两块布料，出针。继续用同样的方法缝完。

藏针缝

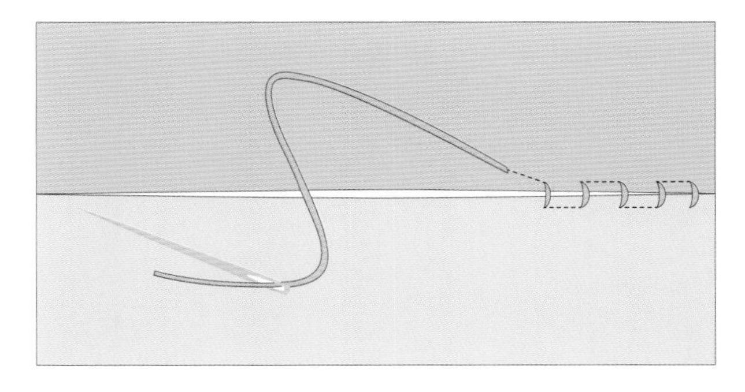

藏针缝在布面上看不到线迹，通常用于两个折边的缝合。从右向左缝，如图所示从下侧折边出针，上侧折边入针，前移一小段，从上侧折边出针，至下侧折边入针，依此重复。注意拉紧线，这样可保证两侧折边靠紧并且线迹尽量不露出。

十字绣

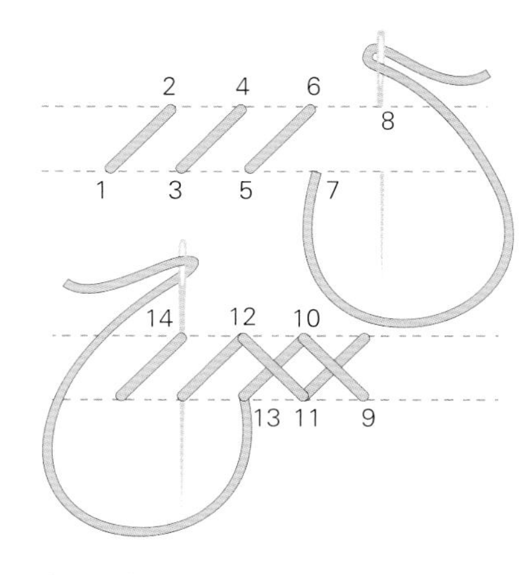

十字绣用于轮廓或者两条邻近的线之间的填充。
绣排十字绣的时候，先从左向右绣，1点出针，2点入针，3点出针，4点入针。继续绣完整排。
然后再从右向左绣出十字，9点出针，10点入针。继续完成所有十字针迹。

要点：
在一件作品中，十字绣中在上面的线迹的方向要保持一致。

直针绣

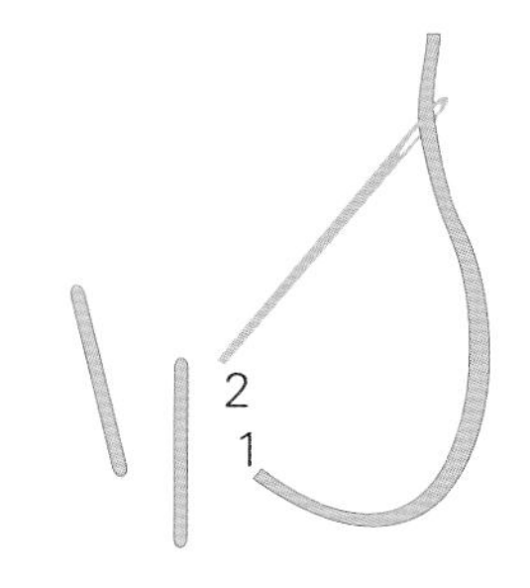

直针绣是非常简单的针法，1点出针，2点入针，就完成一针。

缎面绣

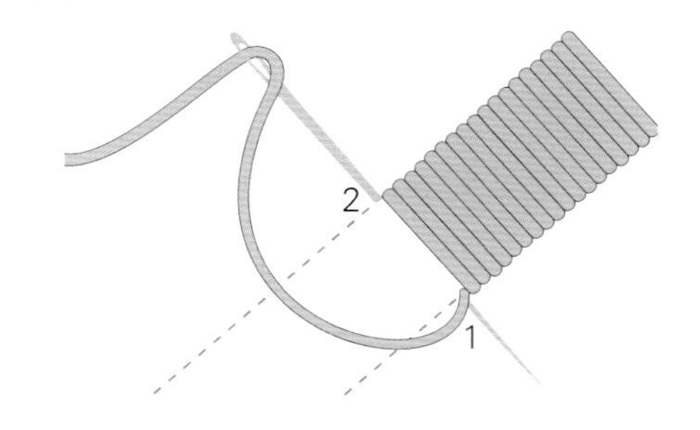

缎面绣用于面的填充，绣字母时很合适。
1点出针，2点入针，紧贴1点入针，紧贴2点出针。排线时紧密贴合，不留空隙，填满整个图形区域。确保绣线无扭转，排列整齐，绣面平整。

要点：
如要增加绣面的立体感，可以先用回针绣绣出图形轮廓，再用缎面绣填充图形。

法国结粒绣

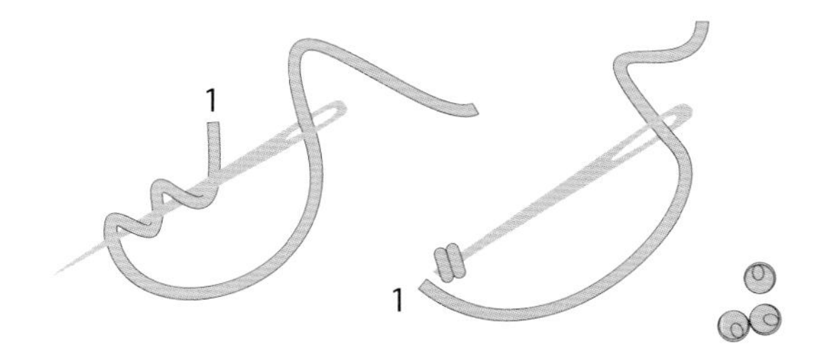

法国结粒绣用于绣装饰点、动物眼睛或者填充植物的花芯、叶子等。
1点出针。另一只手拉住线，并在针尖上绕线两圈。轻轻拉线收紧线圈，同时另一只手保持线拉紧，靠近1点入针。
将绣线全部拉至布的反面，直到布的正面形成一个线结。

要点：
想要绣大一些的法国结粒绣，可在针上将绣线多绕几圈，或者使用稍微粗一点的线。

锁边绣

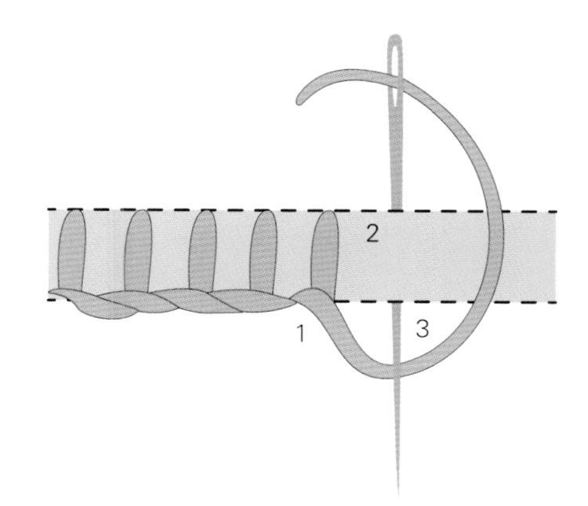

锁边绣可以绣成直线或曲线，用于边缘的装饰。
从左向右绣。1点出针，2点入针，3点出针，保持线圈在针的下方。拉线，并根据需求调整线迹长短。重复直至完成。

要点：
想要绣一条整齐的线，每一针的线迹高度要保持均匀。刺绣时也可以让线迹一高一矮，使其出现另一种效果。

作品

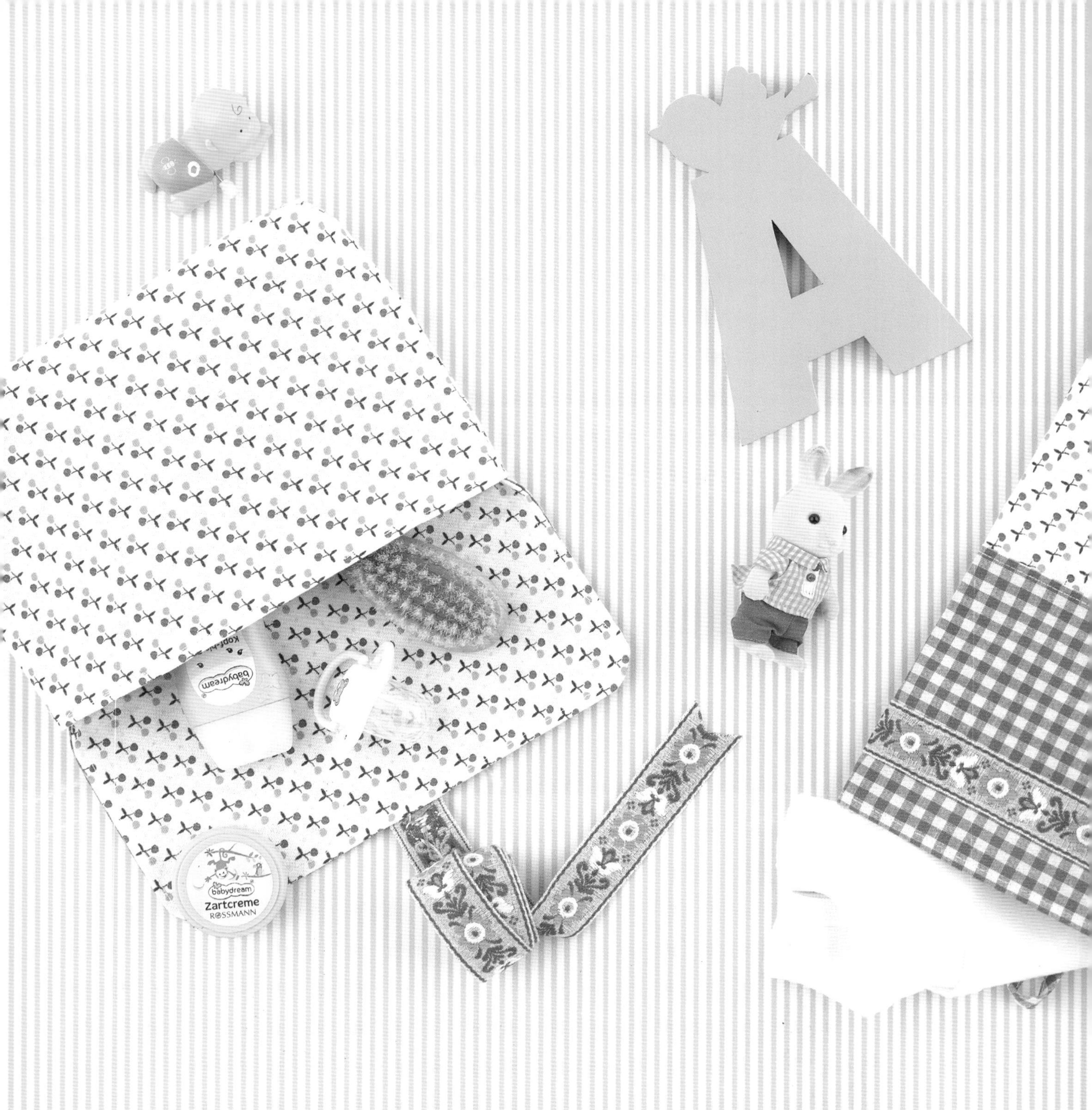
babydream
babydream
Zartcreme
ROSSMANN

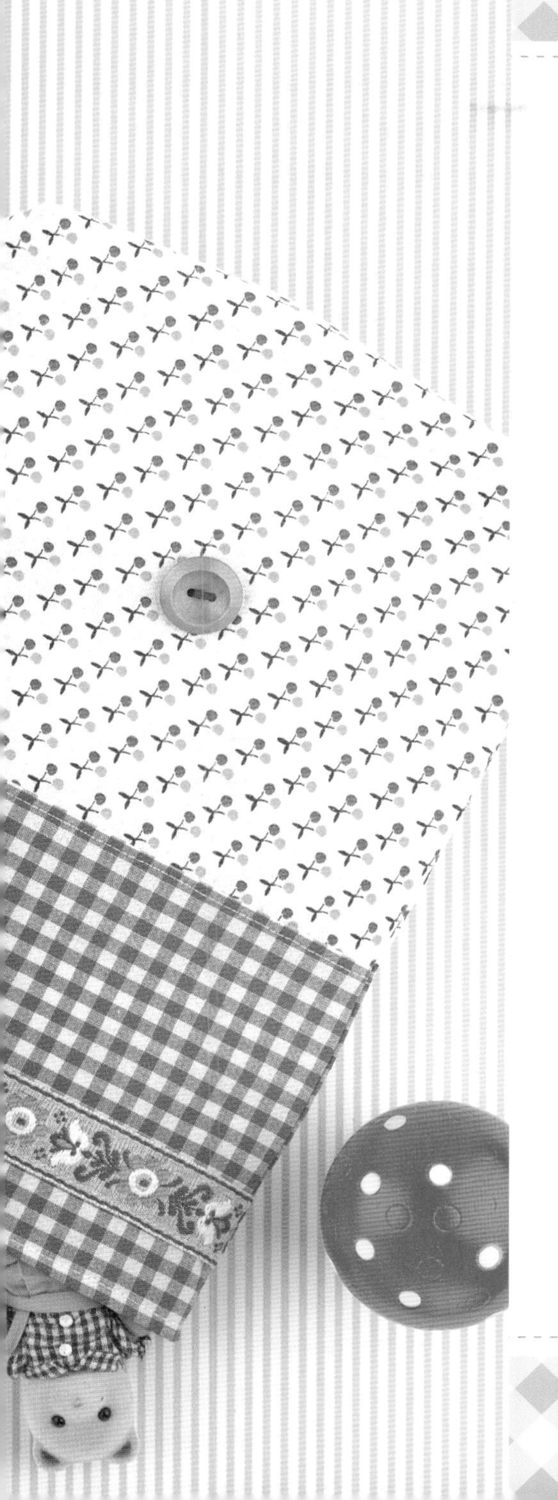

旅行收纳套包

带宝宝出门必须要提前规划好一切，你要带上所有的必需品。当你需要喂他（她）、给他（她）换尿布或者安抚他（她）时，都要提前做好准备。

我在设计这个旅行收纳套包时一直想着这一点。你可以把这两件套包做给你的宝宝，或者作为礼物送给有宝宝的朋友。它们可以装下宝宝大部分的用品！

成品尺寸

缎带小包 ⊙ 23cm × 16cm

塑料内衬小包 ⊙ 22cm × 30cm

材料

缎带小包

- 25cm×35cm表布
- 25cm×35cm里布
- 25cm×35cm中等厚度带胶铺棉
- 2 片25cm×13cm翻盖表布
- 25cm×13cm翻盖带胶铺棉
- 25cm×13cm翻盖里布
- 2.5cm×82cm缎带
- 装饰木扣（可选配）

塑料内衬小包

- 2 片24cm×20cm包底的棉布B
- 2 片24cm×14cm上半部的棉布A
- 2 片24cm×5.5cm内衬的棉布C
- 2 片24cm×28.5cm塑料内衬 D
- 2 条 2.5cm×24cm缎带
- 3cm×12cm扣子系带的棉布
- 木扣

制作说明

缎带小包

1 将中等厚度带胶铺棉熨烫至表布的反面，各边对齐。将布料对折，正面相对，两侧边缝合。将缝份左右分开，如图所示抓起一角，使其形成一个三角形，侧面缝份保持在正中。从三角形的顶点沿缝份量2cm，将其标为中心点。如图所示从中心点向左、右各量2cm并画直线（共长4cm），沿这条线缝合，两端用回针缝固定（也可以沿这条线缝两次）。留1cm缝份后剪掉多余的尖角。另一侧底角用同样的方法抓角。翻回正面，完成包体表布。

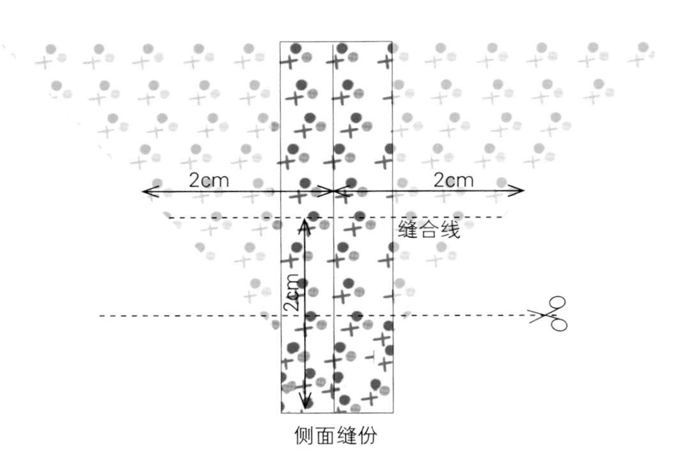

2 里布用步骤1中的方法制作，不加铺棉。在缝合两侧边的时候，在其中一侧边上留7cm返口。缝合后不用将正面翻出，完成包体里布。

3 翻盖表布的反面烫带胶铺棉，各边对齐。表布放平，正面朝上，将缎带放在长边的正中的位置，缎带的毛边超出缝合线（见第19页图示）。手缝或机缝，将缎带疏缝固定在距边缘0.3cm处。

4 将翻盖的里布和表布（缝过缎带的一片）正面相对。如图所示，在缝了缎带的一侧长边的两个角上各画出圆弧，缝合翻盖的三边，缝份1cm，留一条长边不缝合（这条边将缝进包体中）。翻到正面，熨烫整齐。在距缝合的三边边缘2mm处压线。

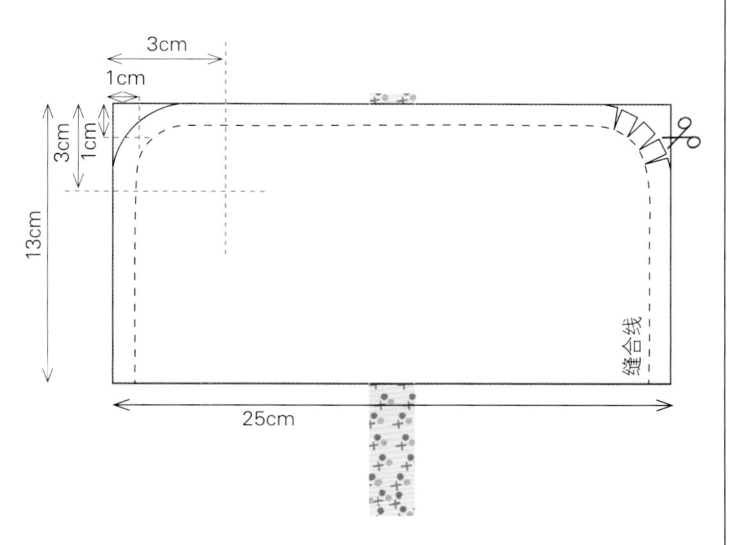

5 将包体表布套进包体里布里面，表布与里布正面相对。将翻盖放在表布和里布之间。包体的毛边和翻盖的毛边对齐：翻盖的表布面对包体的表布，缝了缎带的一条边朝下。包口整圈缝合，留1cm缝份。将整个包从之前在包体里布上留的7cm的返口中翻出。将返口用藏针缝缝合，将里布推回包体内，熨烫平整。

6 在距包口边缘2mm处整圈压线。

7 将缎带的尾端剪成斜角，或者向内折0.5cm两次并缝合。完成。

塑料内衬小包

1 取一片棉布B和一条缎带（缎带和棉布同时正面朝上）。将缎带放在棉布上，与长边平行，在长边下方4cm处。将缎带疏缝固定。

2 用同样的方法在另一片棉布B上缝上缎带。

3 取一片做好的棉布B和一片棉布A正面相对，长边对齐，缝合。将缝份熨烫倒向B布，在缝合线旁0.2cm处压线。

4 用同样的方法将C布与B布缝合、D布与C布缝合。

5 将扣子系带的棉布沿长度方向对折（正面朝外），熨烫，然后打开。将两边毛边向内折，分别对齐中心的熨烫出的线。再次对折，熨平，沿边缘缝合。

6 重复步骤3和步骤4，将另一份A布、B布、C布、D布缝合。在缝合B布和C布时，将扣子系带夹入这两块布的中间位置，对齐毛边并缝合。

7 将包的前片和后片正面相对对齐。

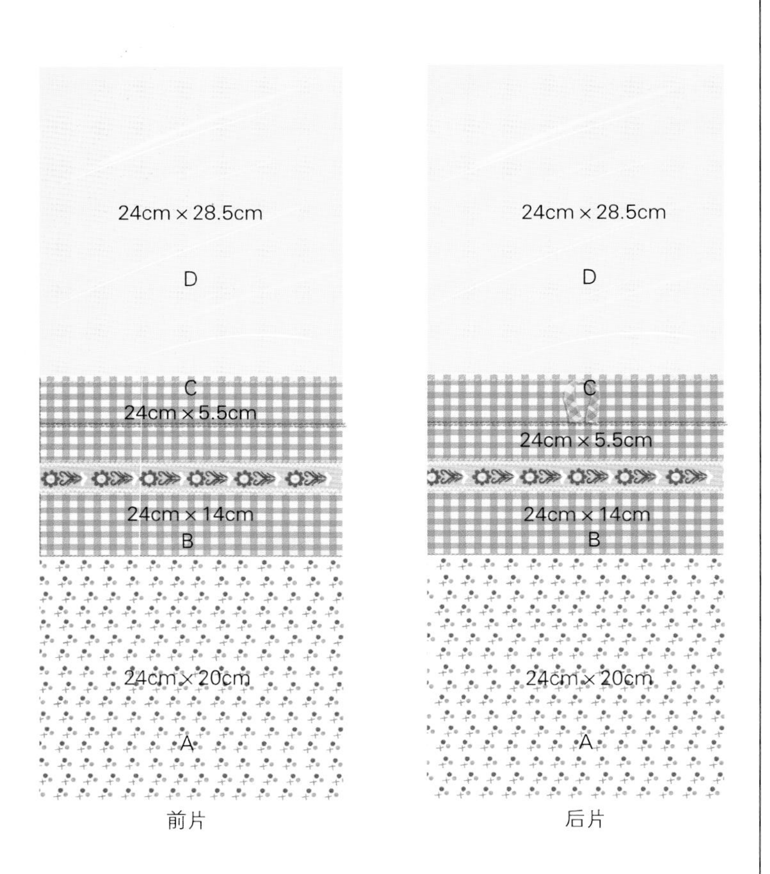

8 留0.6cm缝份用平针缝缝合一圈，在D布的短边上留5cm返口。

9 参考第18页“缎带小包”制作说明中抓角的做法，将四个角折出三角形并缝合固定。留1cm缝份，剪掉多余的尖角。

10 从之前在D布上留的返口中将包的正面翻出，将扣子的系带留在外侧。在距袋口边缘0.2cm处缝一圈。

11 将木扣缝在袋体正面离袋底11cm处。完成。

两面穿和尚服

这件两面穿和尚服是我妈妈的主意，她建议我一定要把它放进这本书里。因为在我和我姐姐小的时候，她很喜欢给我们穿这种和尚服，非常实用……

搭配上同款布做的小手套，这是一套非常好的送给宝宝的礼物。

成品尺寸

和尚服 48cm × 22cm

手套 10cm × 8cm

材料

和尚服

- 60cm×45cm素布做和尚服的表布和口袋
- 60cm×45cm花布做和尚服的里布和口袋
- 1.8cm×200cm的成品包边条，或者用3.6cm×200cm斜裁布条自制包边条
- 75cm×0.5cm天鹅绒缎带
- 布用胶
- 薄卡纸（制作模板）
- 深粉色绣线（DMC 602）

手套

- 25cm×25cm素布
- 25cm×25cm花布
- 50cm×0.5cm绒面缎带
- 绿色绣线（DMC 964）

制作说明

和尚服

1 将和尚服的纸型复制到卡纸上，准备好模板。

2 将素布、花布各剪两个前片和一个后片。

3 复制口袋的纸型，准备好模板。将口袋模板放在和尚服右前片的布料上，距右边3cm，距底边3cm。沿模板边缘，将口袋位置用可消笔描画在和尚服右前片上。

4 利用窗户玻璃或者使用灯箱，将泰迪熊的图案描画到和尚服右前片上，位于口袋上方。取3股深粉色绣线，用回针绣绣出泰迪熊图案。

5 制作口袋。将素布和花布正面相对，将口袋的模板放置其上。用笔沿模板描出口袋形状，沿线缝合，在直边留3cm返口。将口袋从返口翻至正面，熨平。将口袋直边沿边缘0.2cm处压线。将制作好的口袋放在步骤3中和尚服右前片上画好的位置，除上侧开口不缝外，沿边缘0.2cm缝合固定。

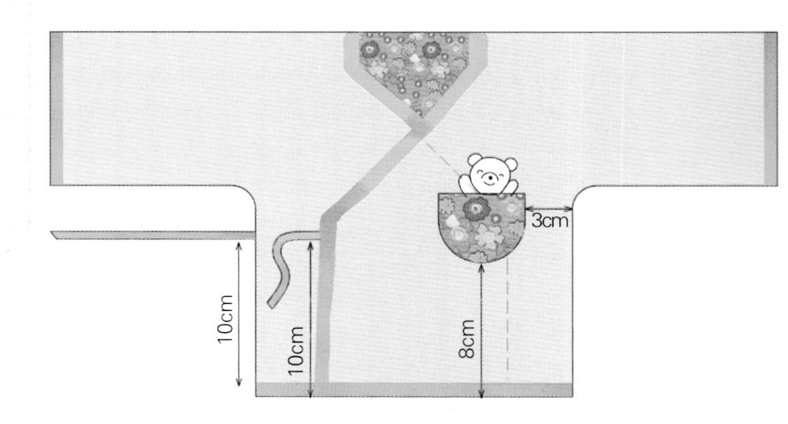

6 将天鹅绒缎带剪成25cm长的3条。

7 用素布做和尚服的表布。将后片与两个前片对齐，正面相对。将第一条缎带放在左前片距底边10cm的位置，毛边朝外。缝合和尚服左、右两条边和肩膀。

8 用花布做和尚服的里布。将后片与两个前片对齐，正面相对。将第二条缎带放在手臂下方3cm处，毛边朝外。缝合和尚服左、右两条边和肩膀。

9 将和尚服的表布翻至正面。将里布小心地塞入表布里面。各边对齐并用珠针别好。

10 从领口开始，将包边条沿和尚服前侧开口包边。我一般会选择机缝包边。在用斜裁包边条包边之前，我通常先把它对折并熨烫好，这样包边时比较容易。你也可以先用布用胶将包边条固定好再进行缝合。

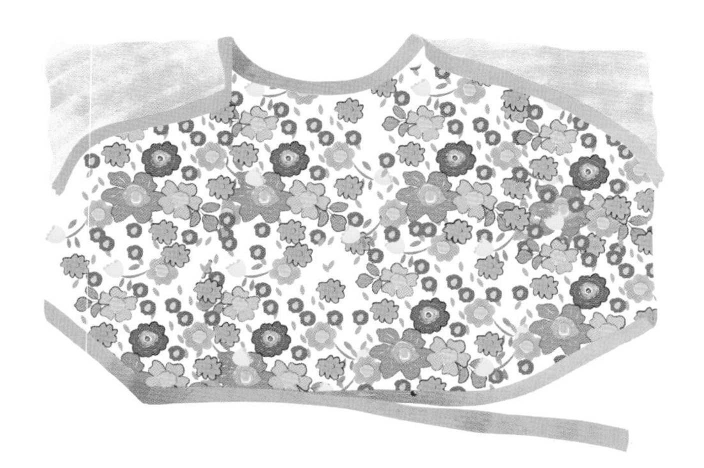

11 在进行包边时，将第三条缎带包进右前片的包边条里，距底边10cm，缎带的毛边包进包边条。

手套

1 剪两片10cm×12cm长方形素布，两片10cm×11cm长方形花布。一片素布和一片花布正面相对，缝合短边，熨开缝份。

2 描出手套纸型，用卡纸制作模板。将模板放在素布一侧，素布上和花布上都标出扣眼位置。缝纫机换上锁扣眼压脚，缝出1cm的扣眼。

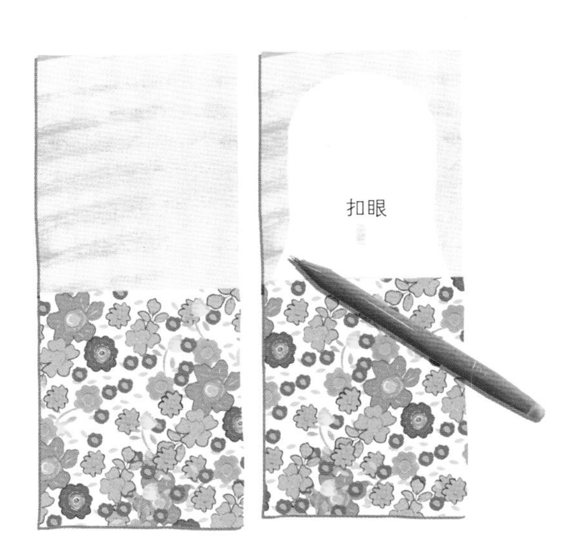

3 将两片布正面相对。将手套的模板对齐缝份，用可消笔沿模板画在布上。翻过来，画在另一侧。沿画线缝合，在花布部分留返口。

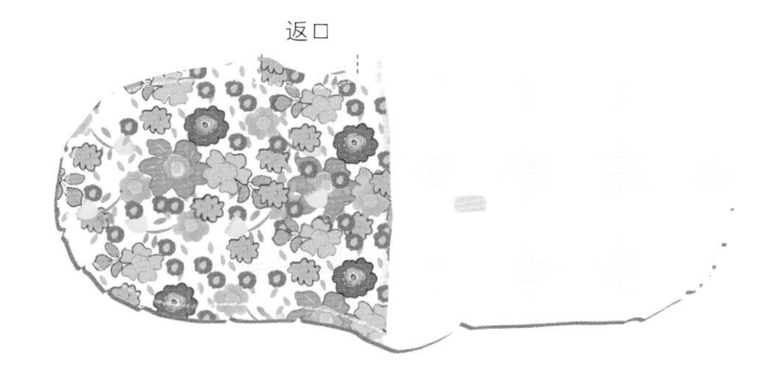

4 将花布套入素布中，熨平。用3股绿色绣线在距离扣眼边缘3mm处的上、下方各以平针缝缝一圈。

5 将绒面缎带剪成两段，用安全别针沿扣眼穿过，打一个漂亮的蝴蝶结。

6 用同样的方法制作第二只手套。完成。

Hand Made

绣花口水巾和收纳袋

如果你有宝宝的话，口水巾是必需品。这一组绣花口水巾和配套的收纳袋会是送给新生宝宝的好礼物。

成品尺寸

收纳袋 ⊕ 18cm×24cm
口水巾 ⊕ 28cm×28cm

材料

口水巾（一个）

- 28cm×28cm白色表布
- 28cm×28cm素色布做背布
- 1.9cm×115cm的成品包边条，或者3.8cm×115cm斜裁布条自制包边条
- **刺绣材料**
  绿色绣线（DMC 704）
  浅粉色绣线（DMC 761）
  红色绣线（DMC 351）
  蓝色绣线（DMC 3811）
  深蓝色绣线（DMC 3755）
  浅绿色绣线（DMC 964）
  黄色绣线（DMC 743）

口水巾收纳袋

- 51cm×26cm白色表布
- 51cm×26cm花布里布
- 51cm×26cm铺棉
- 52cm缎带
- 7cm×26cm花布（与里布相同）
- 3.5cm×26cm热熔衬
- 喷胶
- 布用胶
- 流苏（可选配）
- 皮标（可选配）

制作说明

口水巾

1 利用灯箱或玻璃窗，将刺绣图案复制在口水巾表布角落上。

2 绿色绣线：用3股线以直针绣在蘑菇周围绣小草。

3 红色绣线：用3股线以回针绣绣蘑菇头，用2股线以回针绣绣上面的圆圈。用2股线以回针绣绣兔子的鼻子和嘴。

4 浅粉色绣线：用3股线以回针绣绣蘑菇的茎。蘑菇头上的圆圈用1股线绣缎面绣。用3股线以回针绣绣泰迪熊。用3股线以回针绣绣小羊的嘴和鼻子，然后用1股线绣缎面绣填充鼻子。

5 蓝色绣线：用3股线以回针绣绣泰迪熊的衣服、小羊的头和身体。

6 深蓝色绣线：用3股线以回针绣绣小羊的脸、眼睛、耳朵和腿。用1股线以回针绣绣兔子的眼睛，眼睛中绣一个法国结粒绣。

7 浅绿色绣线：用3股线以回针绣绣兔子。

8 黄色绣线：用3股线以直针绣绣兔子的胡子，以回针绣绣耳朵和尾巴。

9 将完成刺绣的口水巾表布与里背反面相对，留0.5cm缝份缝。

10 用包边条在口水巾一周包边。我通常将包边条用布用胶贴在口水巾上，然后用缝纫机一次缝合。完成。

Hand Made

口水巾收纳袋

1 用可消笔在表布上画间距为0.5cm的菱形格。表布放在铺棉上，用喷胶固定。沿菱形格压线。

2 小片的花布沿长边对折熨平。在反面加热熔衬，用熨斗熨烫5~10秒。剥掉热熔衬反面的衬纸，放在步骤1压线完成的表布短边上方3.5cm处熨烫固定。将缎带剪成两段，沿花布的上边和下边缝合固定。

3 将花布里布和压过线的表布正面相对，留5cm返口缝合一圈。将正面从返口翻出，用藏针缝缝合返口。

4 在两条短边的顶部压线，距边缘0.2cm。将里布朝向自己，将底部短边向上翻折17cm，将折好的边用卷针缝缝合，形成袋身，带有缎带的短边作为盖子。

5 你可以在翻盖的中间位置缝一个流苏，在袋子的左下角缝一个皮标签作为装饰。完成。

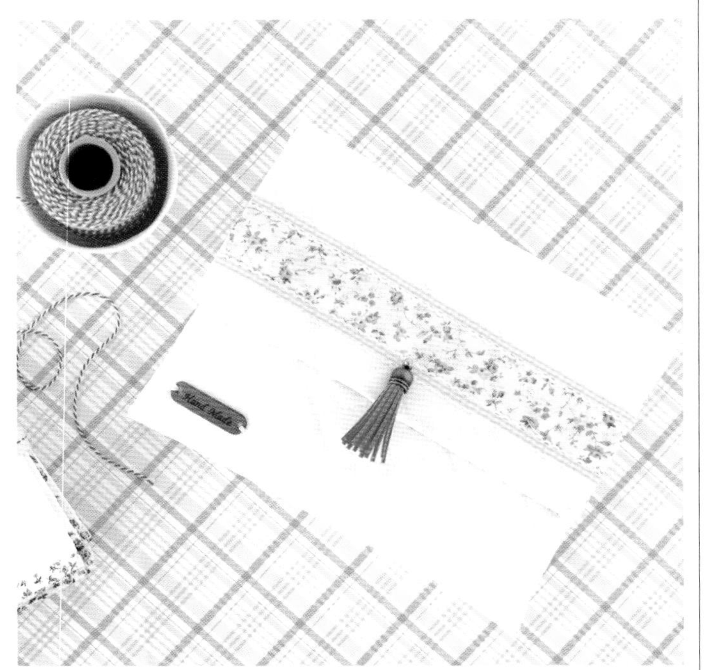

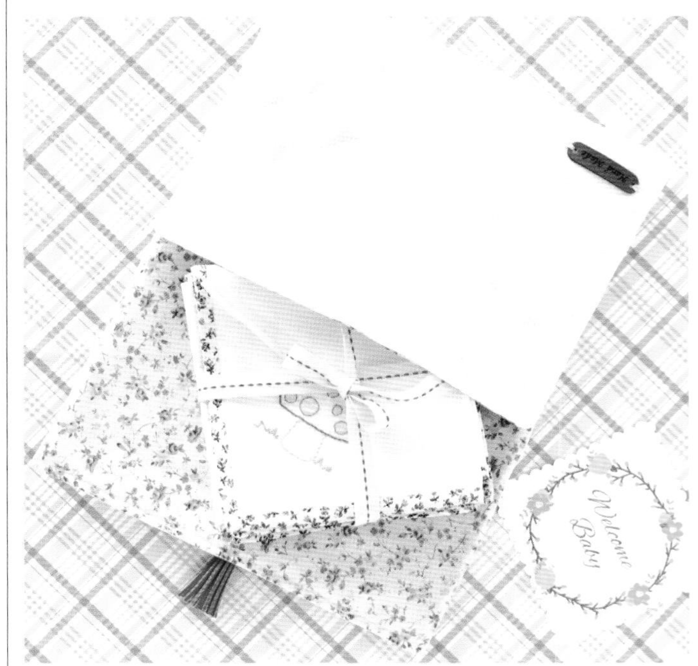

Hello Baby!
a
b
c

小熊摇铃

摇铃是最好的新生儿礼物之一，尤其是作为可爱的手工礼物！

在设计这些小熊摇铃时，我选择了色彩鲜艳的布料来吸引宝宝们的注意力。它们轻巧、柔软、易于携带，是宝宝出门时的好玩具。

成品尺寸
20cm × 9cm

材料

- 2片25cm × 15cm棉布
- 10cm × 10cm毛毡布
- 10cm × 10cm热熔衬
- 铃铛
- 填充棉
- 4cm棉布条做标签
- 黑色绣线（DMC 310）
- 薄卡纸（制作模板）
- 14cm方格缎带做领结
- 15cm天鹅绒缎带做领结的带子
- 4cm黄色缎带做领结中心的结

制作说明

1 将小熊的纸型描到薄卡纸上制作模板。将需要使用毛毡布的部分（耳朵、嘴、肚子等）挖空剪下，放在一旁备用。

2 将小熊的模板放在一片棉布上，沿模板画线，留出缝份剪下棉布。重复此步骤准备好另一块棉布。

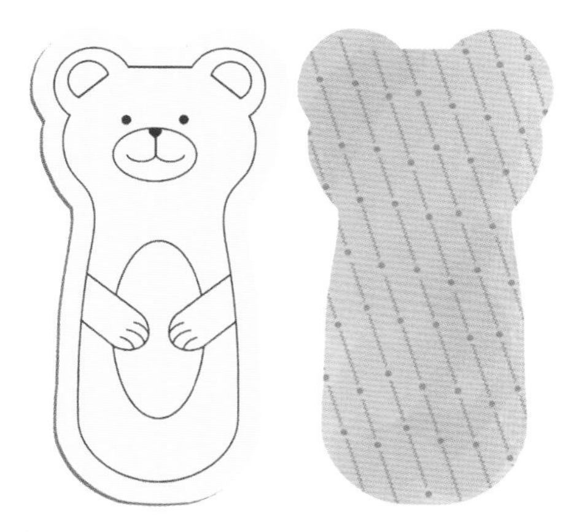

3 将模板放在步骤2准备好的一块棉布的正面，沿模板描画中间挖空的部分。

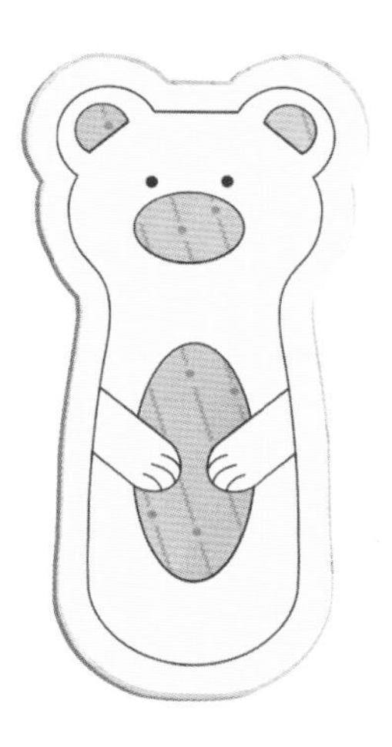

4 将热熔衬放在毛毡布的一侧，熨烫5~10秒固定（注意：如果使用化纤毛毡，要在熨斗下垫一块保护的薄布，以防止化纤毛毡粘在熨斗上）。将之前准备好的模板放在毛毡布上，画好并剪出耳朵、嘴和肚子。

5 剥下热熔衬反面的衬纸，将毛毡布熨烫到棉布正面的对应位置，并尽量靠近毛毡布边缘将其缝在棉布上。

6 取一股黑色绣线，用回针绣绣出小熊的胳膊、鼻子和眼睛，并参考成品图在需要的地方用缎面绣填满。小熊的正面布完成。

7 将小熊的正面和背面两片布正面相对。将小熊模板放在正面布的反面，注意模板挖空的部分与毛毡布对应位置对齐。沿模板用可消笔画线（缝合线）。

8 将4cm棉布条对折，毛边对齐。将它夹在正面和背面两片布之间，位置在底边之上3~4cm处，将毛边留出缝合线之外0.5cm，用珠针固定。

9 将小熊的正面布和背面布沿缝合线缝合，留4cm返口。

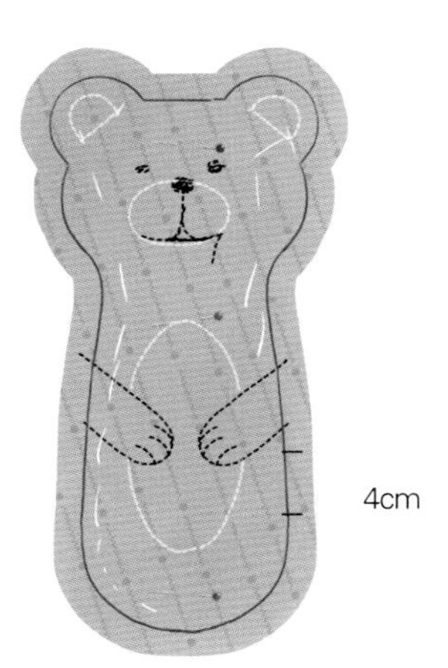

10 翻到正面，熨平。用填充棉从返口填充，将摇铃放在填充料的中间。填满后，用藏针缝缝合返口。

11 制作领结：将14cm方格缎带毛边对齐，留0.5cm缝份缝合。将缝合处置于领结反面的正中位置使其不被看到，在领结中间平针缝并抽褶，使其形成领结的形状。将4cm黄色缎带缝在方格缎带领结中间位置。将15cm天鹅绒缎带绕小熊脖子一圈，在前面中间位置缝合缎带并将领结缝在上面。完成。

xxx
xx
Baby

餐垫

我喜欢做些餐垫当礼物。那些做给小宝宝的餐垫是我最喜欢的。

你也可以做一些简单又可爱的餐垫加上配套的杯垫送给朋友，他们一定会喜欢的。

成品尺寸
餐垫：32.5cm × 27cm
杯垫：9cm × 9cm

材料

餐垫

- 33.5cm×28cm表布
- 33.5cm×28cm背布
- 33.5cm×28cm铺棉
- 33.5cm×15cm白色蕾丝布
- 5cm缎带
- 红色绣线（DMC 350）

杯垫

- 10cm×10cm表布
- 10cm×10cm背布
- 10cm×10cm铺棉
- 4cm缎带

制作说明

餐垫

1 用可消笔将纸型上的“Baby”字样（在纸型部分）描在蕾丝布上，距离右侧边8.5cm，用3股红色绣线以回针绣将文字绣在蕾丝布上。你也可以用宝宝的名字代替“Baby”字样制作一份更加个性化的礼物。

2 将餐垫的表布和蕾丝布放在铺棉上，沿蕾丝布宽度方向缝两条线，一条距离蕾丝右侧边2.5cm，另一条距离右侧边13cm，缝穿三层。在两条缝线的上端1.5cm处用3股红色绣线绣直针绣装饰。

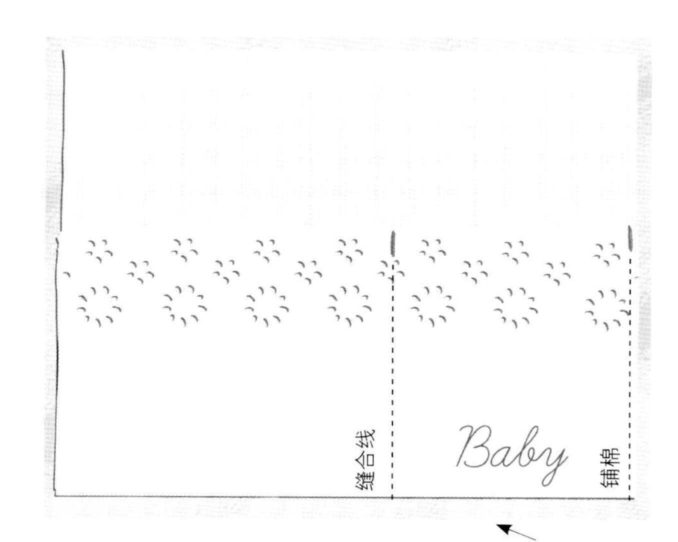

3 将餐垫的表布和背布正面相对。缝合四边，留5cm的返口。翻到正面，熨烫。用藏针缝缝合返口。

4 将5cm缎带对折。毛边折向内侧，在垫子的左上角下方3cm处，用贴布缝缝合，一端缝在垫子表面，一端缝在垫子背面。完成。

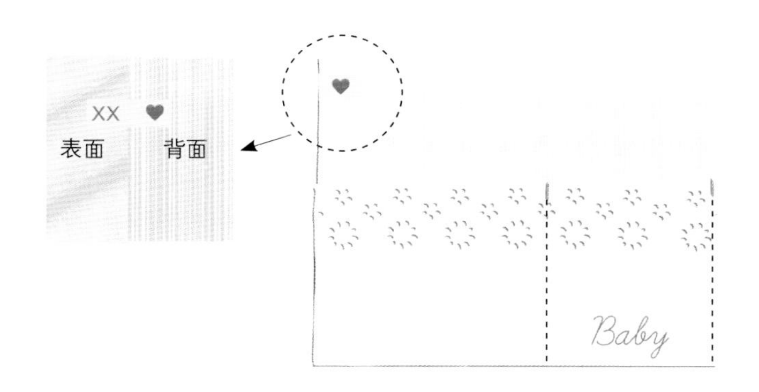

杯垫

1 表布和背布正面相对，铺棉放在上面，留4cm返口后缝合一圈。翻到正面，熨平。沿各边在距边缘0.3cm处压线一圈。

2 将4cm缎带对折。毛边折向内侧，在杯垫的左上角下方2cm处，用贴布缝缝合，一端缝在杯垫表面，一端缝在杯垫背面。完成。

束口袋

束口袋做法简单，而且超级好用！它是妈妈们最爱的小物件之一。你可以用它装宝宝的玩具、衣服、尿布和任何你可以想到的其他东西。

束口袋也是很好的小礼物。没人会拒绝一个可爱、时尚又实用的束口袋！

成品尺寸
32.5cm × 25cm

材料

- 2片28cm×13.5cm棉布A做表布下部
- 2片28cm×14.5cm棉布B做表布中间
- 2片28cm×9cm棉布C做表布上部
- 2片28cm×35cm棉布D做里布
- 3片7cm×7cm布头
- 7cm×21cm热熔衬
- 60cm棉质蕾丝
- 180cm棉绳做束口袋的带子
- 6cm缎带做标签
- 2个木珠
- 薄卡纸（制作模板）
- 刺绣材料
  深粉色绣线（DMC 352）
  浅粉色绣线（DMC 3713）
  蓝色绣线（DMC 794）

制作说明

1 参考“实用技法”部分第9页“毛边贴布”的制作方法，在一片A布上用3片布头和热熔衬做三个直径为6cm的圆形贴布，参考成品图等距离摆放，用白色的线尽量贴近边缘贴布缝缝合。

2 用3股深粉色的绣线，距边缘2mm在粉色圆形贴布上缝一圈。

3 用3股浅粉色的绣线，距边缘2mm在蓝色圆形贴布外侧缝一圈。

4 用3股蓝色的绣线，距边缘2mm在最后一个圆形贴布上缝一圈。

5 在A布的长边上缝上蕾丝。

6 将B布正面朝上，作为袋子的中间部分。将缝上蕾丝的A布放在B布上，正面相对，沿有蕾丝的一条边缝合。将缝份倒向B布，熨平，在B布上距缝份约2mm压线。

7 重复步骤6，将C布缝至B布，然后将D布缝至C布。将B与C之间的缝份倒向B布，并在B布上距缝份约2mm压线。将C布与D布之间的缝份熨烫开。

8 袋子的背面用同样的方法制作。将4块布（A、B、C、D）依次缝合，别忘记缝上A布与B布之间的蕾丝。

babydream
Kopf-bis-Fuß
Waschgel
milde Reinigung für
Haut und Haare
Panthenol Kamille
ROSSMANN
babydream
Zartcreme
ROSSMANN

9 将拼接好的两片布正面相对，各边对齐。注意每片之间的接缝也要对齐。

10 将缎带对折。毛边向外，将其夹在袋子底部一块布的中间位置，留0.3cm缝份，疏缝固定。

11 如图留0.6cm缝份后，缝合各边，在里布的短边上留5cm返口。为了穿束口绳（可以用丝带代替），在C布上留一个3cm的开口。

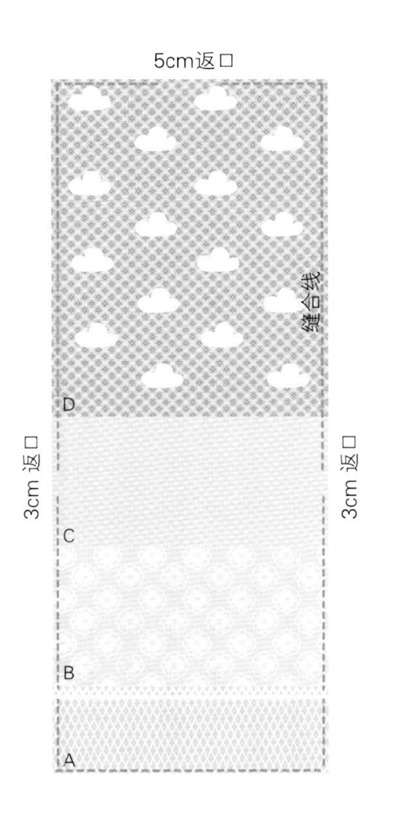

12 将袋子翻到正面。用藏针缝缝合返口。将里布套进袋子里面，在袋口距边缘2mm处压线一圈。

13 制作束口绳穿绳槽，沿着C布上的开口的上边缘和下边缘各压线一圈。使表布和里布缝合在一起。

14 将束口绳剪成2条。用安全别针将束口绳从前片的左侧开口穿入，穿过前片穿绳槽和后片穿绳槽，最后从后片左侧的开口穿出。另一条束口绳从前片的右侧开口穿入，最后从后片右侧开口穿出。完成。

带口袋的围嘴

围嘴是我学会缝制的第一件东西。直到今天，每次准备一份婴儿礼包的时候，我都会放一个围嘴在里面。

简单又实用的围嘴可以加一个贴布装饰，送给男宝宝、女宝宝都合适。

成品尺寸

28cm × 19cm

材料

围嘴

- 32cm×23cm表布
- 23cm×11cm口袋表布
- 23cm×11cm口袋里布
- 32cm×23cm毛巾布做背布
- 21cm包边条
- 塑料按扣或魔术贴
- 6cm缎带
- 薄卡纸（制作模板）

鸭子贴布

- 10cm×10cm热熔衬
- 10cm×10cm棉布做贴布
- 0.5cm×10cm缎带做蝴蝶结
- 黑色绣线（DMC 310 Perle No.8 floss）

制作说明

1 口袋表布正面朝上，将其中一条长边与包边条的长边对齐，珠针固定，沿边缘缝合，留0.3cm缝份。将这片布与里布正面相对，将缝了包边条的长边与里布的一条长边对齐，用珠针固定，沿边缘缝合，留0.6cm缝份（这时包边条应夹在两层正面相对的布的中间）。翻到正面并熨平。在口袋的正面边缘，包边条缝份下方的0.2cm处压线。

2 如果想在围嘴上加个鸭子贴布，用熨斗熨烫5~10秒，将热熔衬烫在贴布布料的背面。

3 描画鸭子纸型，用薄卡纸制作模板。将模板放在烫好的热熔衬背面的衬纸上，沿模板描线。沿线将鸭子剪下。

4 复制围嘴纸型，用薄卡纸制作模板。

5 将表布正面朝上。将之前制作的口袋放在表布上，底边对齐并用珠针固定。将鸭子贴布热熔衬的衬纸撕掉，参考成品图熨烫在口袋的上方右侧位置。用黑色绣线以法国结粒绣绣出鸭子的眼睛。

6 将围嘴反面朝上。将围嘴的模板放在中间位置（整圈缝份保持一致），沿模板描画。

7 将围嘴表布和毛巾布正面相对，用珠针固定。

8 将6cm缎带对折，夹在毛巾布和围嘴表布的中间、口袋左上角的位置。缎带毛边向外，超过缝合线0.6cm，用珠针固定。

9 沿模板缝合线缝合毛巾布和围嘴表布，留5cm返口。

10 整圈留0.6cm缝份，用花边剪剪掉多余的缝份。如果没有花边剪，在缝份上剪出牙口，以保证缝份顺滑。

11 从返口中将围嘴翻至正面，在离边缘0.2cm处压线一圈。

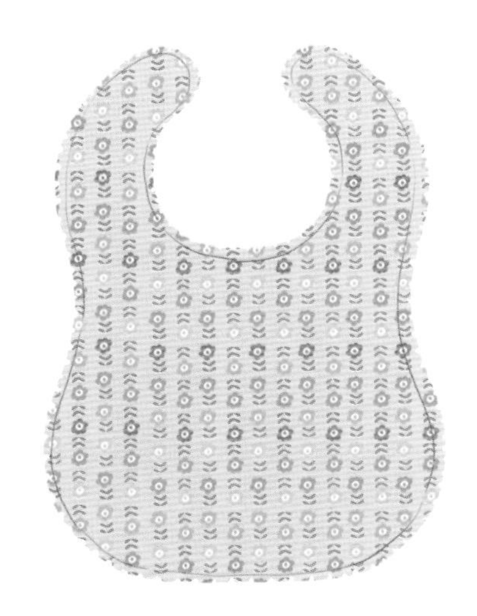

12 用10cm缎带做一个蝴蝶结，手缝固定在鸭子的脖子上。

13 你可以选用塑料按扣或者魔术贴缝在围嘴的末端。完成。

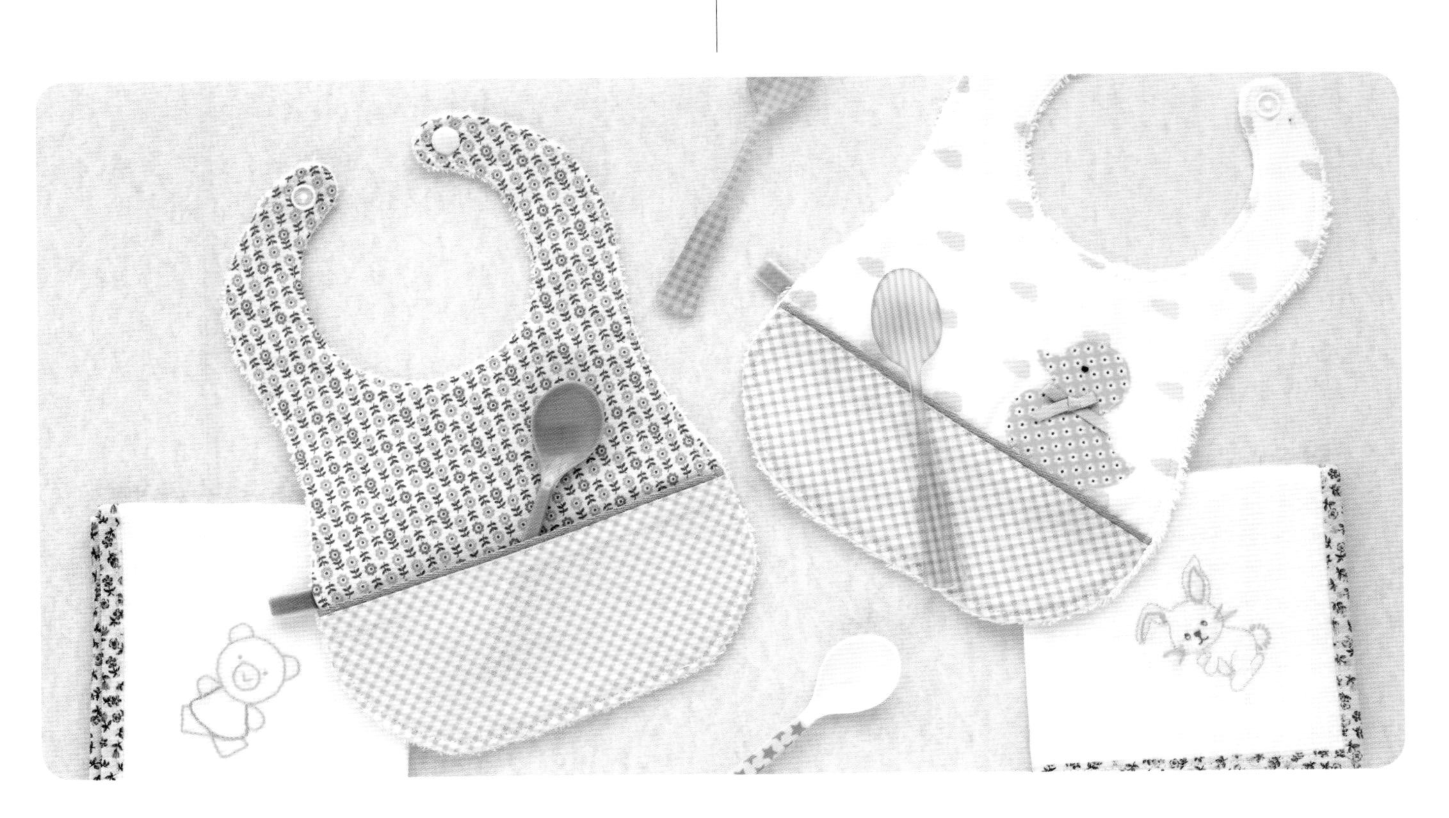

兔子玩偶

想到小宝宝抱着我做的玩偶睡觉的样子，这画面让我特别快乐。

一个甜蜜的、柔软的、安全的手工玩偶是一件非常特别的礼物，宝宝的妈妈和宝宝都会非常喜欢。

成品尺寸
40cm × 10cm（包含耳朵）

材料

头部

- 2片12cm × 11cm亚麻布

身体

- 10cm × 12cm花布做身体前片
- 2片5.5cm × 12cm花布做身体后片

胳膊

- 4片13.5cm × 3.5cm亚麻布

腿

- 4片16.5cm × 3.5cm亚麻布

耳朵

- 2片10cm × 4.5cm棉布做耳朵前片
- 2片10cm × 4.5cm亚麻布做耳朵后片
- 玩具填充棉
- 40cm缎带
- 薄卡纸（制作模板）
- 黑色绣线（DMC 310 Perle No.8）
- 2个黑色安全玩偶眼睛

制作说明

1 复制兔子玩偶的纸型，用薄卡纸制作模板。

2 将5.5cm × 12cm制作身体后片的两块布正面相对。沿12cm的边缝合，上部缝2cm，底部缝2cm，中间留8cm不缝作为返口。

3 将步骤2中缝合的两块布与做头部的亚麻布正面相对，如图所示短边中央对齐，在上边缝合一道线。

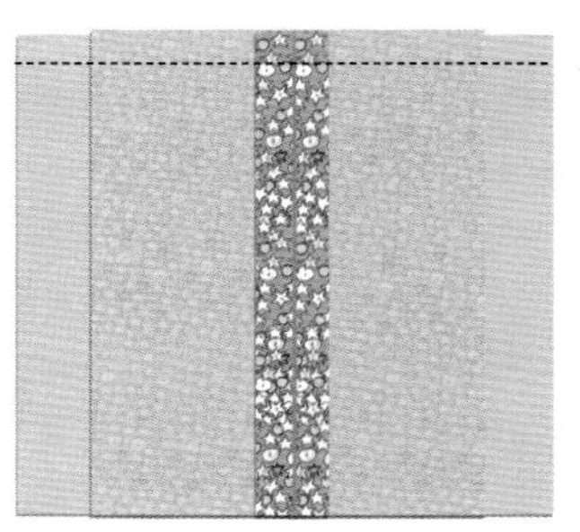

4 将另一片做头部的亚麻布和做身体前片的布正面相对，如步骤3中一样，短边中央对齐缝合。

5 用可消笔画上兔子的鼻子和嘴，用黑色绣线以回针绣绣出嘴巴，以缎面绣绣出身子。

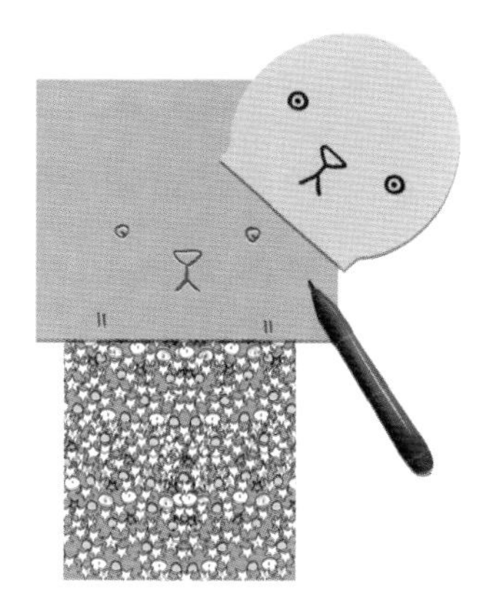

6 将耳朵的前片和后片正面相对。将耳朵的模板置于其上，沿模板画出耳朵。沿画线缝合耳朵，留直边不缝。将耳朵从直边翻回正面，熨平。用同样的方法共做出2个耳朵。

7 将手臂的前片和后片正面相对。将模板置于其上，沿模板画出手臂。沿画线缝合，留直边不缝，将正面从直边翻出。用同样的方法共做出2只胳膊。

8 将腿的两块布正面相对。将模板置于其上，沿模板画出腿。沿画线缝合，留直边不缝。将正面从直边翻出。用同样的方法共做出2条腿。

9 用填充棉将胳膊和腿填满。用铅笔或钩针等合适的工具将填充棉推到末端，胳膊或腿的上部留约1cm的空间，以方便将其缝至身体上。

10 将身体放好，将头和身体的模板放在上面，沿模板边缘画线。标出耳朵、胳膊和腿的位置。将耳朵和四肢等按标记位置放好，毛边对齐，用珠针固定。放耳朵的时候，将每个耳朵的短边在其正面朝中间对折。注意将耳朵的后片对准头的后片。沿模版画线缝合，使耳朵和四肢缝合至兔子身体的后片。

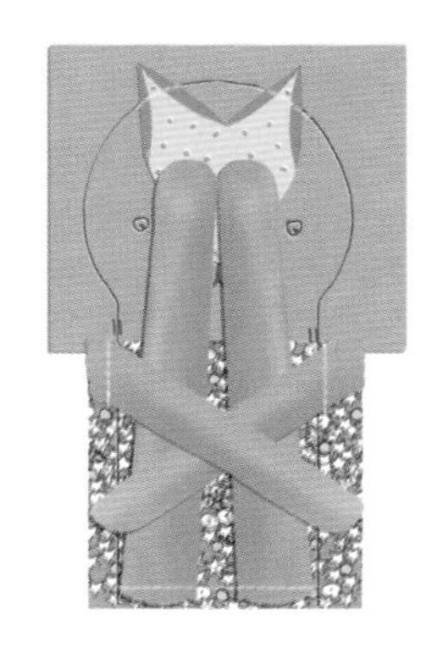

11 将头和身体的模板放在身体前片的反面，沿线画出。将兔子身体的前片和后片正面相对。如图将身体各部件折好。将身体前片和后片沿缝合线缝好，留返口。注意缝合时不要缝到折进去的身体的其他部分。

12 将安全玩偶眼睛安装在头部相应的位置。

13 从返口将玩偶翻回正面。用填充棉填满头部和身体。返口用藏针缝缝合。

14 将缎带系在兔子的脖子上。完成。

磨牙环

宝宝正在长牙！也许父母感觉很兴奋，但对宝宝来说这个过程会很不舒服。咬这些木环可以缓解宝宝牙床的酸痛，是塑胶磨牙产品的安全的替代品。我相信你的宝宝一定会爱上它的！

成品尺寸

心形 ⊙ 13cm × 15cm

星形 ⊙ 18cm × 18cm

材料

心形

- 5条4cm×18cm各色布条
- 18cm×15cm背布
- 18cm×15cm带胶铺棉
- 18cm×15cm玩具响纸（一种特殊的纸，揉捏时会发出沙沙的响声）
- 2条1.9cm×15cm成品包边条，或者用2条3.8cm×15cm斜裁布条自制包边条
- 5cm缎带（可选配）
- 薄卡纸（制作模板）
- 按扣
- 直径6.8cm不上漆木环

星形

- 7片4cm×21cm各色布条
- 21cm×21cm背布
- 21cm×21cm带胶铺棉
- 21cm×21cm玩具响纸
- 2条1.9cm×15cm成品包边条，或者2条3.8cm×15cm斜裁布条自制包边条
- 5cm缎带（可选配）
- 薄卡纸（制作模板）
- 按扣
- 直径6.8cm不上漆木环

制作说明

1 将5条各色布条沿长边缝合，制作心形的表布；将7条各色布条沿长边缝合，制作星形的表布。烫开缝份，将带胶铺棉熨烫在布料反面。将心形或星形的模板剪下，放在带胶铺棉的那侧，并沿模板边缘画好完成线。

2 将成品包边条折好的边对折在一起。将一侧短边向内折约1cm，缝合这条短边和两条长边。如果用布条自制包边条，请参考第8页。

3 将缎带对折，短边的毛边对齐。将准备好的缎带和包边条放在心形或星形的表布正面，毛边朝外，超出缝合线约0.3cm，疏缝固定。

4 制作心形。按照从下到上的方式放置响纸、背布（正面朝上）、心形的表布（反面朝上），沿着完成线缝合。用同样的方法制作星形。

5 用花边剪剪去多余的布料，翻回正面，距边缘0.2cm处压线一圈。

6 将子按扣固定在包边条的末端，套上木环，并在合适的地方固定母按扣。完成。

提示：解开按扣，可以把木环卸掉，擦洗清洁。心形或星形装饰可以和宝宝的服装一起洗涤。

LOVE

毯子

毯子是儿童房最可爱的装饰物之一。这个作品中，我用了各色甜美可爱的布料和多彩的羊毛毡。你可以从你收藏的小布块中找一些可爱的布来为宝宝做个美丽的毯子。

成品尺寸
48cm × 64cm

材料

- 64cm×48cm棉麻布做表布
- 64cm×48cm白色厚棉布做背布
- 64cm×48cm铺棉
- 16片7.5cm×7.5cm各色花布
- 16片9.5cm×9.5cm各色毛毡布
- 85cm×85cm热熔衬
- 3cm×225cm成品包边条，或者用6cm×225cm斜裁布条自制包边条
- 薄卡纸（制作模板）
- 布用喷胶
- 5cm缎带
- 刺绣材料

  深粉红色绣线（DMC 893）

  浅粉红色绣线（DMC 761）

  黄色绣线（DMC 743）

  紫色绣线（DMC 209）

  蓝色绣线（DMC 775）

  深蓝色绣线（DMC 813）

  浅绿色绣线（DMC 955）

  绿色绣线（DMC 989）

  深绿色绣线（DMC 3345）

制作说明

1 在薄卡纸上分别画出直径5cm、6cm、7cm、9cm的圆形并沿线剪下。

2 用普通剪刀按照直径7cm的模板剪裁花布，用花边剪刀按照直径9cm的模板剪裁毛毡布。用花边剪刀剪下的圆形毛毡布还有漂亮的锯齿边。

3 参考“实用技法”部分第9页“毛边贴布”的制作方法，将热熔衬的带胶面放在各色花布的反面，用熨斗熨烫5~10秒固定，剪下，完成16片圆形贴布布片。将贴布布片反面的热熔衬衬纸剥去，再将贴布放在毛毡布圆形的中心，熨烫5~10秒固定。花布和毛毡布的颜色搭配自行决定。

4 将加了贴布的毛毡布圆片随机摆放在棉麻布表面。位置确定之后，在边缘0.2cm处车缝一圈，将毛毡布固定至棉麻布表面。表布制作完成。

5 把铺棉放平、喷胶，将毯子的表布正面朝上放在上面，用手抚平皱褶，将两层一起翻过来。在铺棉另一面喷胶，将背布放在上面，用手抚平皱褶。

6 用可消笔和模板在毯子的正面画出一些直径5cm和6cm的圆形。取3股绣线沿圆形用平针压缝缝一圈。可以用不同颜色的绣线缝不同位置的圆形。

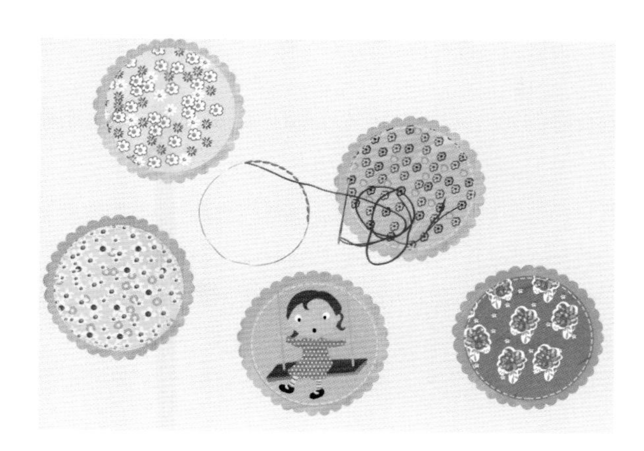

7 包边。可以用成品包边条或者自制的包边条，沿毯子四边包边。包边条的一边缝在毯子的表布上，另一边手缝至毯子反面的背布。具体操作方法请参考“实用技法”部分第8页“包边”的制作方法。包边的同时，可以将缎带对折，夹在包边条里缝在毯子的正面。完成。

帐篷贴布抱枕

我喜欢用帐篷元素装饰孩子的房间。在设计这个抱枕时，我从童年时最喜欢的一部动画片中得到了灵感。这个抱枕是一个既特别又实用的礼物。用来装饰自己孩子的房间也很好！

成品尺寸
34cm × 43cm

材料

- 43cm×13cm棕色方格布做表布下部
- 43cm×22.5cm白云图案布做表布上部
- 各色花布做帐篷贴布，尺寸从大到小分别为：
  15cm×17cm、13cm×15cm、10cm×11.5cm、9cm×10.5cm
- 2片25cm×43cm背布
- 8cm×13cm云朵贴布
- 15cm×55cm热熔衬
- 34cm×43cm铺棉
- 34cm×43cm里布
- 3cm×160cm成品包边条，或者用6cm×160cm斜裁布条自制包边条
- 布用喷胶
- 0.3cm×15cm麂皮绳4色
- 薄卡纸（制作模板）
- 装饰木标（可选配）
- 刺绣材料
  蓝色绣线（DMC 3766）
  深粉红色绣线（DMC 760）
  深蓝色绣线（DMC 519）
  浅粉红色绣线（DMC 151）
  白色绣线（DMC Cotton Perle floss No. 8 white）

制作说明

1 棕色方格布和白云图案布正面相对，沿长边缝合。将缝份熨开，完成表布。

2 用薄卡纸描画帐篷纸型，准备好模板。

3 将热熔衬分别放在帐篷贴布和白云贴布的反面，熨烫5~10秒。在热熔衬反面的衬纸上用帐篷模板沿线描画，并沿线剪下。云朵贴布用同样的方法操作。

4 将每种颜色的麂皮绳剪成相等长度，4段4根不同颜色的麂皮绳为一束，准备4束。

5 将表布正面朝上放平。将帐篷贴布反面的热熔衬衬纸撕掉。将帐篷贴布放在抱枕表布的相应位置，将剪好的麂皮绳束塞在帐篷顶端的位置。熨烫几秒钟固定贴布。用同样的方法完成云朵贴布。尽可能靠近贴布边缘缝合一圈固定。

6 将里布反面朝上，放上铺棉，然后放上抱枕前片（正面朝上）。三层用喷胶固定或用疏缝别针固定。帐篷用3股绣线沿边缘缝一圈，云朵沿边缘用白色绣线缝一圈。帐篷顶部的麂皮绳用线绕几圈并缝合固定。

7 在帐篷上可以缝上任何你喜欢的图案。前两个帐篷我按照布上的花纹增加了一些刺绣装饰。

8 将装饰木牌（可选配）固定在抱枕表布的右侧。

9 制作抱枕背布。将一块背布的长边向内折2cm，熨平。这条边再次向内折一次，熨平，沿边缘缝合。另一块背布用同样的方法操作。

10 将抱枕的表布反面朝上，两块背布放在上面（正面朝上），两块背布的折边的那侧有部分重叠。各边毛边对齐，用珠针固定。四周缝合一圈。从两块背布中间的开口翻回正面。

11 用包边条给抱枕四周包边。我通常先将包边条车缝在抱枕的正面，再手缝至抱枕的背面。完成。

Handmade

妈咪包

我在设计这个包的时候考虑到了妈妈带宝宝出门的所有需求。我最主要的想法是将它做得又大又轻。这个包可以机洗，可以挂在婴儿车把手上或者背在肩上。给你的朋友或自己做一个吧！

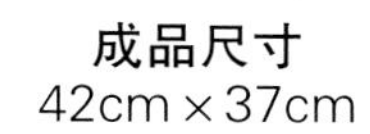

成品尺寸
42cm×37cm

材料

- 44cm×42cm花色棉麻布做前片表布
- 44cm×42cm纯色棉麻布做后片表布
- 2片44cm×42cm棉布做里布
- 2片44cm×42cm中等厚度带胶铺棉
- 39cm×31cm花色棉麻布我的天前片口袋表布
- 39cm×31cm棉布做前片口袋里布
- 31cm×18cm格子棉布做前片口袋翻盖表布
- 31cm×18cm棉布做前片口袋翻盖里布
- 30cm×26cm花色棉麻布做后片口袋表布
- 30cm×32cm格子棉布做后片口袋里布
- 2片25cm×21cm棉布做内袋布
- 25cm缎带或棉布条做内袋
- 4根2.5cm×50cm棉织带做包带
- 200cm棉绳
- 1.5cm×200cm成品包边条，或者用3cm×200cm斜裁布条自制包边条
- 2个木扣
- 2根6cm缎带
- 薄卡纸（制作模板）
- 装饰皮标（可选配）

制作说明

1 将前片口袋表布、里布正面相对，留5cm返口缝合一圈。翻到正面，用藏针缝缝合返口。

2 将前片口袋翻盖表布、里布正面相对。将翻盖模板放于其上，沿模板画线。沿线缝合一圈，留5cm返口不缝。剪掉多余的缝份，翻回正面。整理好缝份，用藏针缝缝合返口，熨平。完成前片口袋翻盖。

3 在前片口袋翻盖距弧线边缘约2.5cm处做一个与木扣子相配的扣眼（也可以使用按扣，并在翻盖的正面缝一颗扣子作为装饰）。

4 将中等厚度带胶铺棉熨烫在前片表布（花色棉麻布）的反面，给它增加一些强度。将前片口袋翻盖根据下方图片放在前片表布上，正面相对（距左右两侧各6.5cm，距下侧29cm），如图沿缝合线缝合。

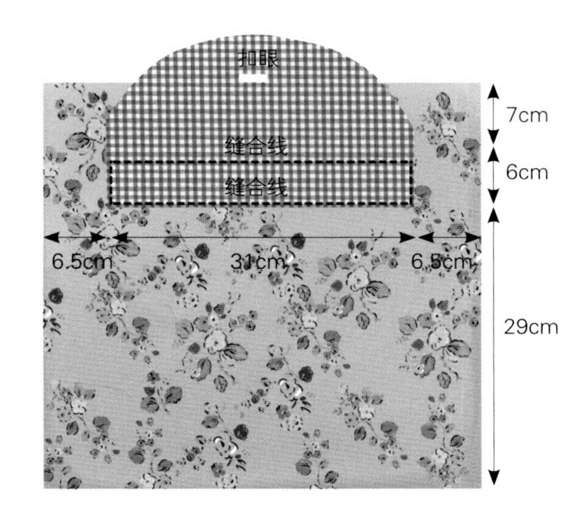

LOVE

5 将39cm×31cm前片口袋表布、里布反面相对，留返口后缝合一圈，从返口翻回正面，用藏针缝缝合返口，完成前片口袋。如图所示将前片口袋的长边（39cm的那一边）和缝好的翻盖的缝合线对齐，左右两侧向内折风琴褶，使口袋宽度为31cm。将口袋正面朝上，离下边6cm（如图所示），用珠针固定，用熨斗将侧边的风琴褶熨平。将一根6cm缎带对折，放在口袋的左下角，毛边留在口袋内超过缝合线1cm，用珠针固定。先缝口袋左侧的风琴褶，再缝右侧的风琴褶，缝合线的末端用回针缝固定。用同样的方法缝合口袋下边。如果愿意，你可以在口袋的右下角缝一个装饰皮标。对应扣眼位置，缝上纽扣。前片口袋完成。

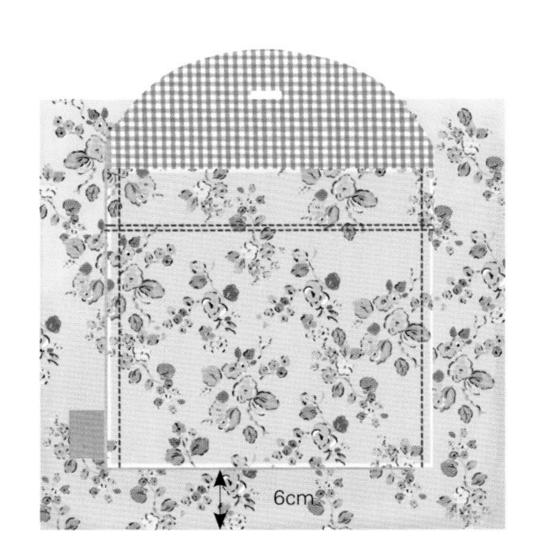

6 将制作后片口袋的表布（花色棉麻布）和里布（格子棉布）正面相对，长度为30cm的边对齐缝合（图A）。里布反面朝上放好，缝合线向下3cm处作为折痕将里布上折，熨平（图B）。将折好的里布按图示缝合一道线（图C）。再次将里布折向口袋，正面相对对齐，将三边的毛边缝合，留5cm返口（图D）。翻到正面，用藏针缝缝合返口，熨平。袋口折边压线（图E）。在中间位置按照纽扣的尺寸做出扣眼（也可以在这个位置缝上按扣）。后片口袋完成。

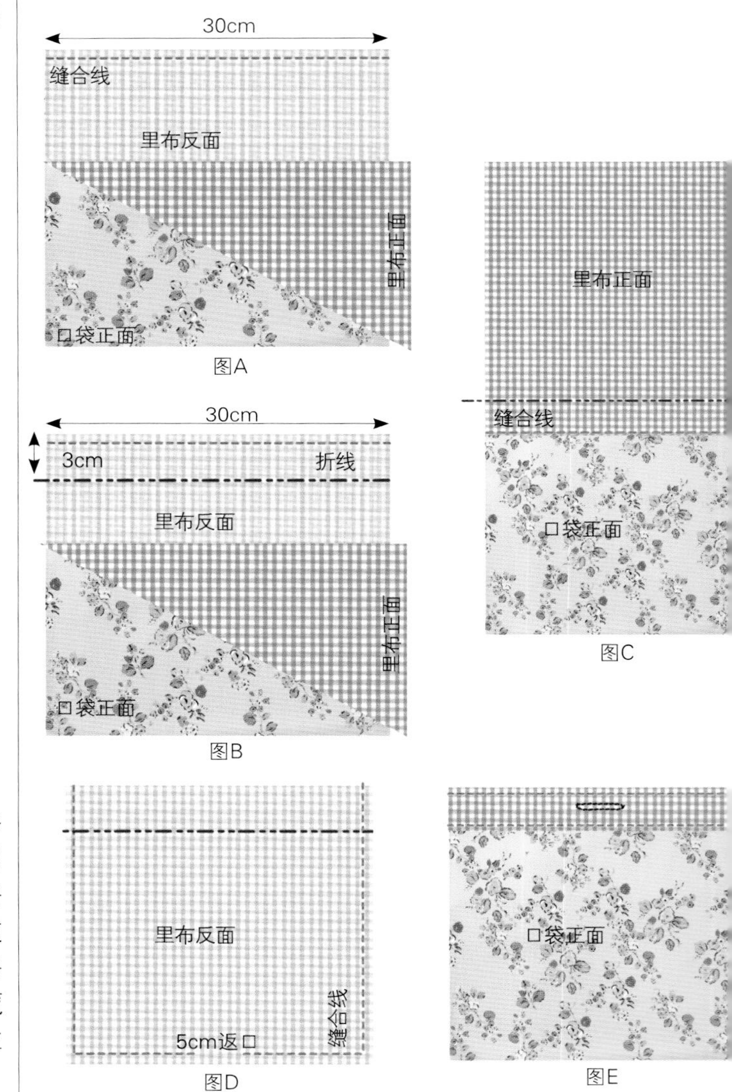

7 将带胶布衬熨烫至后片表布的反面。将之前准备好的后片口袋放在后片表布的中间位置，距离顶端8.5cm。将第二根6cm短的缎带对折，放在口袋的右下角，距底边2.5cm，留约1cm的毛边在口袋内侧，用珠针固定。先将口袋的左右两边缝合固定，然后缝合底边。对应扣眼位置缝上木扣。后片完成。

8 将25cm缎带缝在内袋布上端，距上边1cm，沿缎带的上下两条长边缝合。将2片25cm×21cm的内袋布正面相对，留1cm缝份后缝合各边，在底边留5cm返口。翻至正面，各边熨平。将内袋放在一片里布的中间位置，左右留相等的距离，上边留10.5cm。用珠针固定，沿口袋三边缝合。

9 制作背带。将布料按第8页的方法45° 斜裁成宽3cm的布条，制作4条50cm长的包边条。斜裁布条按长度方向对折，反面相对，将棉绳放在布条中间，沿棉绳旁边缝合，完成一根嵌条。如图将嵌条对齐织带的长边（可以用布用胶黏合防止移位）。另一根织带放在这根织带的反面，将嵌条夹在中间。沿织带的长边尽可能靠近边缘缝合。用同样的方法做好另一条背带。

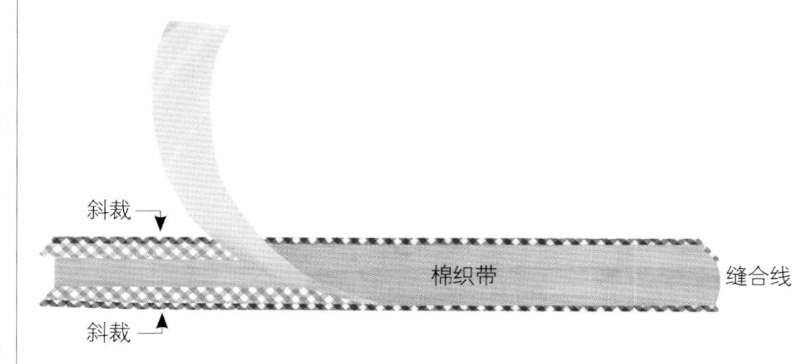

10 将一根背带缝至包身的正面，另一根缝至包身的反面，每侧的两个缝合处之间留12.7cm间距。正面相对毛边对齐，将背带缝至相应的位置。

11 将缝好了内袋的里布与后片正面相对放在一起，另一片里布与前片正面相对放在一起，用珠针固定，分别沿袋口上边缝合，留1.3cm缝份。将缝份熨开。将刚做好的两片放平正面相对，里布与里布对齐，前片和后片对齐。中间缝份位置对齐并用珠针固定，防止移位。缝合一圈，在里布某处留8cm返口。在翻回正面之前，将里布和袋身的所有角都做抓角处理（底边缝份折向侧面缝份，折角宽度6cm，沿折线缝合两次加固）。袋身从返口翻回正面，用藏针缝缝合返口，将里布推回袋身里，熨平。沿袋口压线一圈。完成。

娃娃领装饰

大家都爱的娃娃领，也叫彼得潘领。这个简单的小装饰可以让一件普通的T恤或裙子变得非常别致！

成品尺寸
24cm × 13cm

材料

- 23cm × 15cm亚麻布
- 23cm × 15cm花布
- 23cm × 15cm中等厚度黏合衬
- 0.5cm × 62cm鹿皮绳
- 薄卡纸（制作模板）
- 黏合衬

制作说明

1 将领子的纸型描画至薄卡纸上，制作模板。纸型是整个领子的一半，需要把薄卡纸对折，将纸型的直边对准薄卡纸的折边画出完整的领子，剪下做成模板。

2 用模板画出黏合衬，不留缝份。

3 将亚麻布放平，花布放在亚麻布上，两块布正面相对。黏合衬放在两块布上，熨烫至花布的反面。

4 如图，将花布和亚麻布留0.6cm缝份剪下。

5 将鹿皮绳裁成相等的两段。用布用胶或珠针将其固定在领子的两端，使其夹在亚麻布和花布之间。

6 沿领子完成线缝合，在领子后领正中央留5cm返口（注意缝合时不要缝到鹿皮绳）。

7 在翻回正面之前在缝份上剪牙口，这样弧线处比较平顺，避免起皱。

8 将领子翻回正面熨平。用藏针缝缝合返口。在领子边缘0.2cm处车缝一圈。也可以用3股绣线平针缝缝一圈，可以起到很可爱的装饰效果。完成。

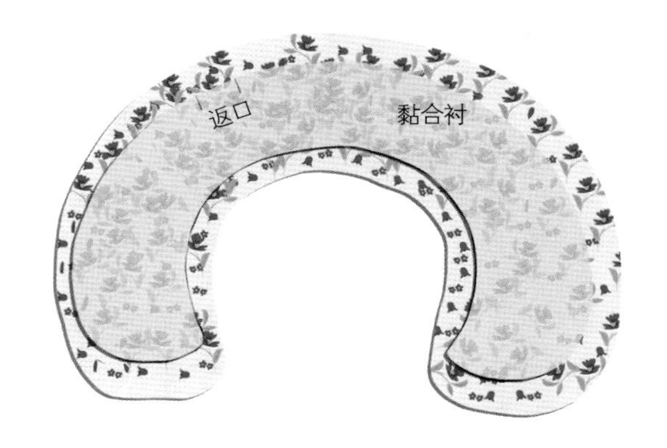

Welcome
Baby

玩具收纳篮

玩具收纳篮是个非常实用的收纳工具，宝宝的玩具、尿布、护肤品或者小衣服都可以放在其中。收纳篮本身也是宝宝房间很好的装饰品。这个收纳篮柔软、可机洗，并且大小适中，适合宝宝们抓着提手拖来拖去。

成品尺寸

29cm × 17cm × 18.5cm

材料

- 66cm × 54cm亚麻粗帆布做表布
- 66cm × 54cm棉布
- 72cm × 60cm棉布里布
- 66cm × 54cm铺棉
- 20cm × 18cm棉布口袋布
- 20cm缎带
- 喷胶
- 3cm × 29cm毛毡布，厚度为0.3~0.4cm，做篮子提手
- 绿色绣线（DMC 912）

制作说明

1 用可消笔在表布上画45°斜线，每条线之间相隔4cm。两个方向都画线，最后形成格子。铺棉铺平，喷胶，将表布正面朝上放在铺棉上。将布和铺棉两层一起翻转，正面朝下，铺在铺棉在上面。在铺棉上喷胶，将棉布放在铺棉之上，用手抚平皱纹。沿之前画好的格子压线。也可以用不同颜色的线增加装饰感。

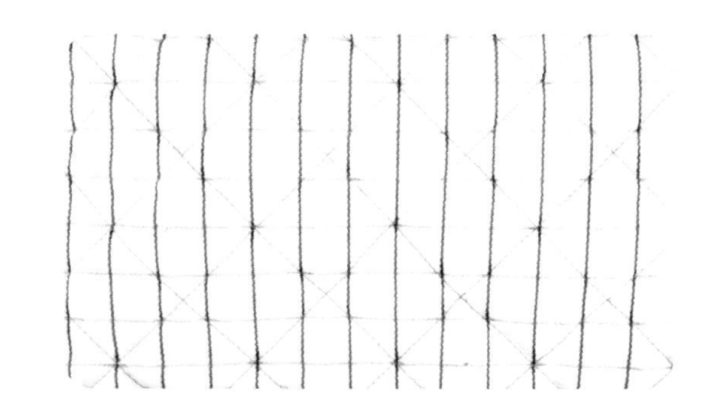

2 压好线的布后，在4个角分别剪掉18cm × 18cm的正方形，有利于做篮子的侧边。

3 将口袋布正面相对对折，留4cm返口，沿四边缝合。从返口翻回正面，熨平。

4 将缎带缝在口袋的一个长边上。缎带的上下两条长边都缝好，将两段毛边向内折。

5 将表布正面朝上放平，将口袋按照下页示意图的位置放在表布上。将口袋沿三边缝至表布。如果需要，可以在口袋中间竖向缝一条线，缝出间隔。

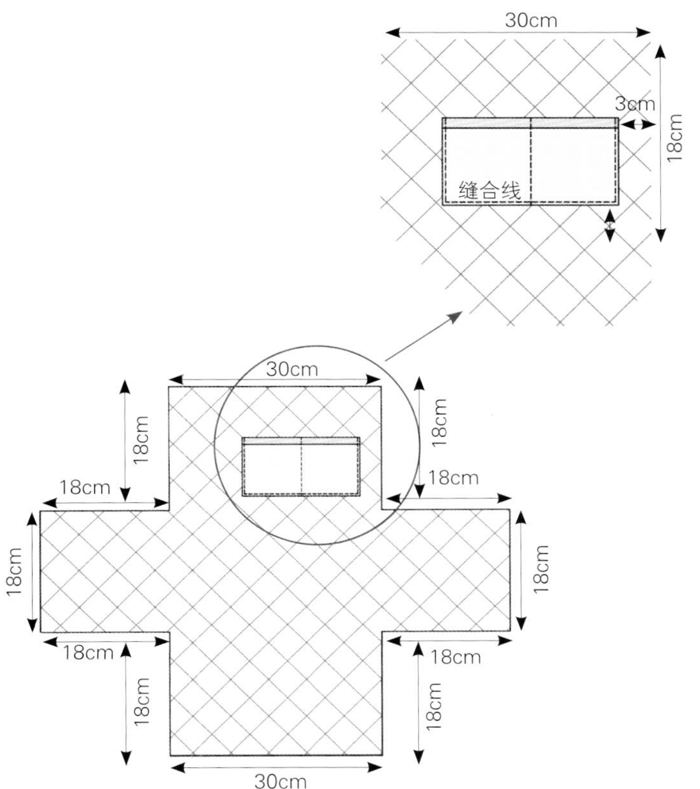

6 表布的反面朝外，如图所示对齐4个角的18cm的边，缝合做出篮子的形状。将篮子翻回正面，完成表袋。

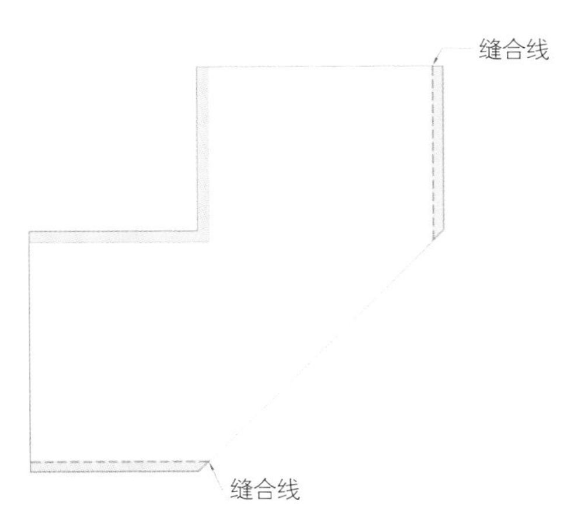

7 在里布4个角各剪掉21cm×21cm的正方形。和做表袋的方法一样，对齐4个角，正面相对缝合做出篮子里袋。

8 将篮子里袋套进表袋中，对齐4条侧边。这时里袋会比表袋多出一部分。将里布多出的边向外翻折，盖住表布，毛边向内折，用珠针固定在表布上。在距里布翻出的边缘0.2~0.3cm处用平针缝缝一圈固定。

9 将提手用珠针固定至篮子的窄的一面，距顶部4cm，距侧边1cm。用6股绣线以十字针缝将提手缝至篮子上。完成。

注意：铺棉在压线过程中可能会略微移动，你可以将铺棉略微留大一点，在压线完成后剪去多余的部分。

可爱布盒

我家里有很多布盒。你可以做一些给你的宝宝，或者当作礼物送给朋友。

成品尺寸

带格纹布的小盒子 ⊕ 9cm × 9cm × 6cm

托盘 ⊕ 20cm × 20cm

材料

盒子

- 4片21cm×21cm不同颜色的格纹布
- 4片21cm×21cm白色里布
- 4片21cm×21cm中等厚度带胶布衬
- 4条40cm×3cm不同颜色的成品包边条，或者用4条40cm×6cm斜裁布条自制包边条

托盘

- 2片25cm×25cm棉布
- 25cm×25cm中等厚度带胶布衬
- 刺绣材料

  黄色绣线（DMC 726）

  绿色绣线（DMC 912）

  粉红色绣线（DMC 892）

  浅粉红色绣线（DMC 3713）

制作说明

盒子

1 将格纹布和白色布的4个角各剪掉5.5cm×5.5cm的正方形。

2 将21cm×21cm带胶布衬的4个角各剪掉6cm×6cm的正方形。

3 将格纹布反面朝上放平，将带胶布衬放在正中，用熨斗熨烫使它们粘在一起。

4 如图，将盒子的表布对角对折，沿带胶布衬的边缘缝合两条边。从中间打开表布，折向另一个对角方向，将另外两条边缝合，完成布盒的表袋。将缝份烫开并翻到正面。

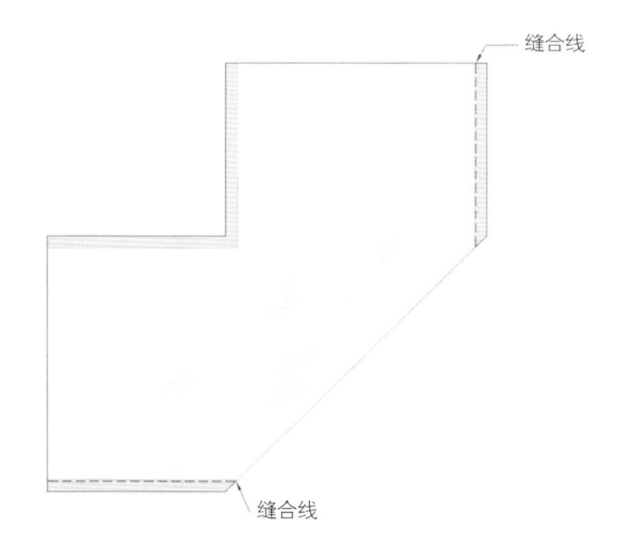

5 用同样的方法，将里布对角对折，先缝合两边。然后打开，再向另一个方向对折，缝合另外两边。用熨斗将缝份烫开。

6 将盒子里袋套进表袋之中，4个角对齐。

7 将盒子的表袋和里袋各处对齐。

8 用成品包边条或自制的包边条沿盒子的上沿包边一圈。包边的方法请参考第8页。

9 另外3个盒子用同样的方法制作。

托盘

1 将一片25cm×25cm棉布反面朝上放平，将中等厚度带胶布衬放在正中，用熨斗熨烫黏合。将烫好的两片翻过来，把另一片25cm×25cm棉布反面朝上放在上面，留2cm的返口缝合一圈。

2 将缝好的托盘从返口翻回正面，距边缘约0.3cm压缝一圈。然后再距边缘2cm压缝一圈。

3 将托盘的一个角折起形成一个三角形，用4股绣线在距边缘2cm处手缝固定尖角。另外3个角用同样的方法缝成尖角。完成。

小蝴蝶结

是否有人像我一样对蝴蝶结完全没有抵抗能力？每次看到蝴蝶结我都会忍不住喜笑颜开。蝴蝶结是一种好做又百搭的饰品，你可以把它缝在宝宝的衣服上、发卡上或者礼物包装盒上进行装饰。

成品尺寸

7.2cm×3.8cm

材料

- 16cm×8cm棉布
- 4cm×5cm棉布
- 发卡或胸针

制作说明

1 将16cm×8cm棉布反面相对对折，两条长边对齐。沿长边缝合形成管状。翻到正面，将两端的毛边分别折在中间位置，熨平。

2 将两条短边的毛边对齐缝合。翻转将缝份藏起来。

3 用同样的方法，将小块的布长边对齐缝合行成管状。翻到正面，熨平，将缝份留在后面的中间位置。

4 在大片布做好的蝴蝶结的中间位置折出风琴褶，将小片布做的管状围绕在大片中间的风琴褶位置，在反面用贴布缝针法缝合。

5 在蝴蝶结的反面缝上发卡或者胸针。完成。

星星

如果你被邀请去参加一个迎接新生儿的派对，但是没有时间买礼物了，那你可以试试这些漂亮、简单又别致的星星装饰。不到半小时你就可以缝出两个这样的星星，然后把它们装进一个可爱的礼物盒里，就可以开心地带去参加派对啦！

成品尺寸
22cm × 22cm

材料

- 25cm×25cm表布
- 25cm×25cm背布
- 0.3cm×25cm彩色麂皮绳做流苏，也可以用彩色毛线或丝带
- 玩具填充棉
- 薄卡纸（制作模板）

制作说明

1 将背布正面朝下放好，将表布正面朝上放在它的上面，各边对齐。

2 用薄卡纸按纸型制作星星模板。

3 将星星模板放在表布上，沿模板描画。

4 将彩色麂皮绳、彩色毛线或丝带剪成小段束在一起做成流苏。

5 在星星的一个凹角处放上准备好的流苏，夹在表布和背布之间。用同样的方法将悬挂用的麂皮绳对折，放在流苏的凹角相对的星星尖角处，夹在两片布之间。

6 沿线缝合一圈，留3cm开口不缝以便于放填充棉。

7 用填充棉填满星星，注意填满所有的角，然后再把开口缝合。

8 距离缝合线外留约1cm缝份，用花边剪剪掉多余布料。完成。

Hello Sweet Baby

快乐的小兔刺绣

在所有的手工种类中，刺绣是我觉得最放松的一种：看着绣图慢慢成形，自由地选择颜色和针法，在较短的时间里就能完成一件作品。作品的可爱都让刺绣的过程特别享受。

这可以作为一个非常棒的新生儿礼物。

成品尺寸
25cm

材料

- 直径30cm的圆形棉布或亚麻布做绣布
- 2片23cm × 23cm毛毡片
- 直径23cm绣绷
- 4cm × 4cm花布做兔子的衣服
- 2.5cm × 2.5cm碎布做兔子的耳朵
- 6cm × 6cm热熔衬
- 刺绣材料

  黑色绣线（DMC 310）

  绿色绣线（DMC 563）

  浅粉红色绣线（DMC 3713）

  深粉红色绣线（DMC 760）

  红色绣线（DMC 350）

  浅蓝色绣线（DMC 3811）

  深蓝色绣线（DMC 3755）

  深绿色绣线（DMC 3851）

  黄色绣线（DMC 743）

  橙色绣线（DMC 722）

  棕色绣线（DMC 400）

  浅棕色绣线（DMC 356）

  深棕色绣线（DMC 801）

  紫色绣线（DMC 209）

制作说明

1 利用玻璃窗或灯箱将刺绣图案描到绣布上。

2 **绿色：**用4股线以回针绣绣出“Hello Sweet Baby”，用2股线以直针绣绣出青草。

3 **红色：**用2股线以缎面绣绣出蘑菇头（圆点部分不绣），用1股线以回针绣绣出兔子衣服底布的荷叶边。

4 **浅棕色：**用1股线以回针绣绣出蘑菇的茎和刺猬的身体。

5 **棕色：**用2股线以轮廓绣绣出4朵花的茎，用2股线以回针绣绣出刺猬的脸，以法国结粒绣绣出刺猬的鼻子。

6 **深蓝色：**用2股线，以回针绣绣出蝴蝶的轮廓，以缎面绣填充蝴蝶的身体，以回针绣绣出蝴蝶右下方花朵的花瓣。

7 **深绿色：**用1股线，以回针绣绣出5朵花的茎，以缎面绣绣出花的叶子，在右边粉红色花的中心位置做一个法国结粒绣。

8 **浅蓝色：**用2股线，蘑菇旁边的花的花芯以鱼骨绣绣出，兔子旁边的花的花芯以缎面绣绣出，蘑菇下方的黄色花的花芯做一个法国结粒绣。

9 **橙色：**兔子右边的雏菊用3股线做雏菊绣。

10 **紫色：**最下边的花和刺猬前面的花用法国结粒绣绣出。完成。

Hello
Baby
elcome
Baby

11 **黄色：**用2股线以缎面绣绣出蘑菇下方的花。

12 **浅粉红色：**用2股线，兔子手中的花、刺猬右侧的花的花瓣以缎面绣绣出，兔子左边的花的花瓣以回针绣绣出。

13 **深粉红色：**用3股线，以回针绣绣出兔子手中的花，花芯做一个法国结粒绣。围绕整个图形的圆用平针绣绣出，兔子左下方的花的中心用直针绣绣十字。

14 **深棕色：**用1股线以回针绣绣出兔子的眼睛、鼻子、嘴巴和蘑菇上的小鸟。

15 准备兔子耳朵的模板和兔子裙子的模板。在耳朵和裙子布料的反面熨烫上热熔衬。将模板放在布料反面热熔衬的衬纸上，画出图形，沿线剪下。将衬纸撕掉，耳朵和裙子的贴布熨烫在相应的位置。用黄色的线沿耳朵缝一圈，用黑色的线沿裙子周围缝一圈，针脚尽量靠近布的边缘。

16 **黑色：**用1股线以回针绣绣出兔子的轮廓和兔子裙子上的口袋。

17 将绣绷的内圈放在毛毡布上，用笔沿内侧画一圈，沿线剪下。

18 将绣绷的外圈放在毛毡布上，用笔沿内侧画一圈，沿线剪下。

19 刺绣完成之后，将剪好的小片圆形毛毡布放在绣框里，紧贴绣布的反面。如图所示，在绣绷的反面沿绣布边缘用平针缝缝一圈，拉线将布尽量收紧。用较大片的圆形毛毡布盖在绣绷的反面，缝合固定。

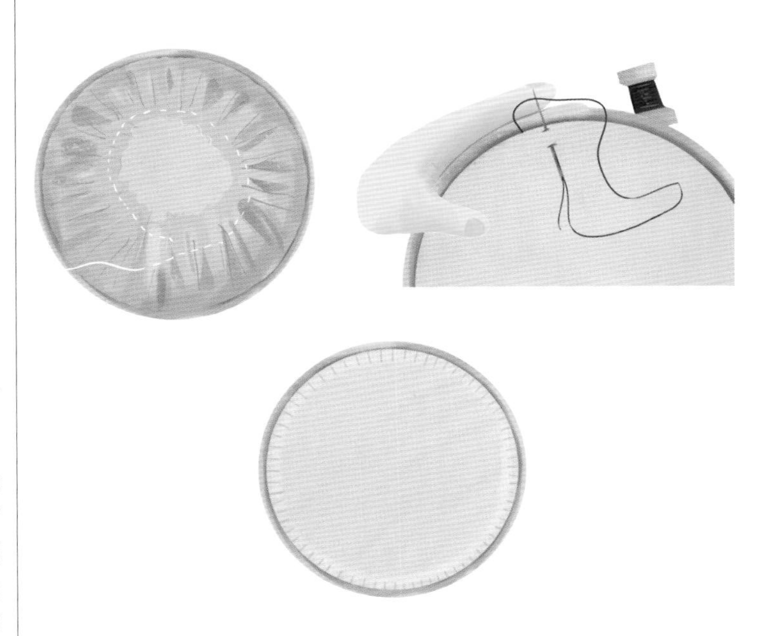

20 你可以用一个蝴蝶结装饰遮挡绣绷的调节螺钉。完成。

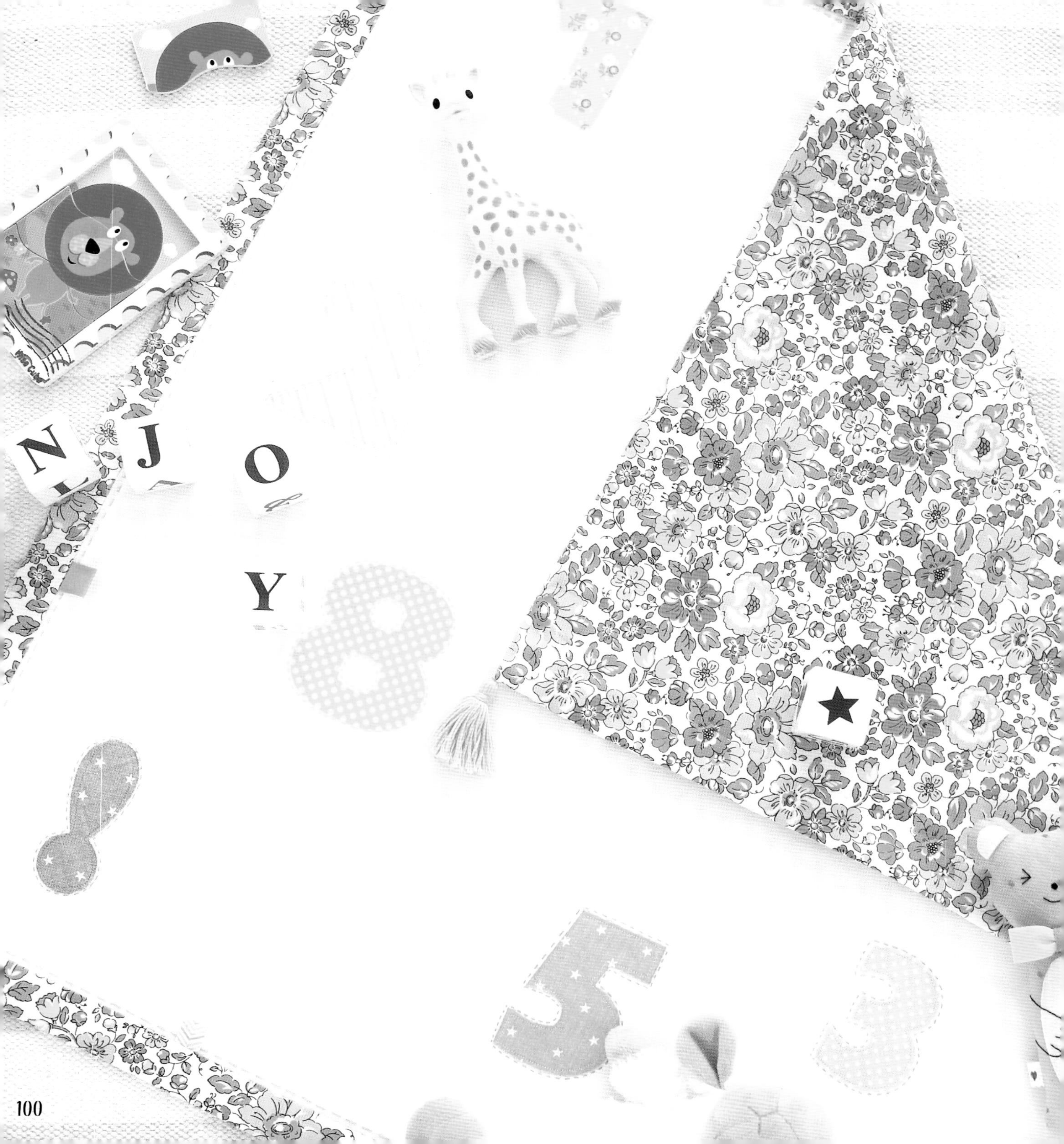
N
J
O
Y

带数字的游戏垫

我设计了这个柔软又暖和的游戏垫，让宝宝可以在上面愉快地玩耍。这个垫子既可以营造出干净柔软的游戏环境，又可以让他们学到这些色彩、大小各异的数字。

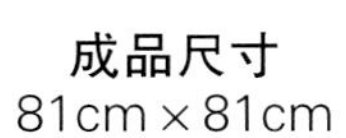

成品尺寸
81cm×81cm

材料

- 81cm×81cm白色薄天鹅绒布做表布
- 93cm×93cm花布做背布
- 81cm×81cm铺棉
- 11片12cm×12cm各色配色布做数字
- 约40cm×40cm热熔衬
- 4根6cm各色丝带
- 喷胶
- 薄卡纸（制作模板）
- 刺绣材料

  粉红色绣线（DMC 3708）

  珊瑚色绣线（DMC 967）

  深粉红色绣线（DMC 893）

  浅粉红色绣线（DMC 761）

  黄色绣线（DMC 743）

  青色绣线（DMC 964）

  绿色绣线（DMC 954）

  深绿色绣线（DMC 958）

制作说明

1 描下纸型，用薄卡纸准备好数字模板。

2 用熨斗熨烫5~10秒，将热熔衬熨烫到各色数字配色布的反面。

3 将数字模板描画到配色布反面热熔衬的衬纸上，沿线剪下。

4 根据自己的喜好将数字摆放在白色天鹅绒布上。

5 对数字的位置满意之后，将后面的热熔衬衬纸撕下，用熨斗熨烫5~10秒将数字熨烫在白色天鹅绒布的表面。（注意：在熨斗和天鹅绒布之间放一层熨烫衬布，以防熨斗过热烫化布料。）

6 沿数字贴布边缘贴缝。

7 铺棉平放、喷胶，然后将天鹅绒布放在上面，正面朝上。抚平表布上的褶皱。

8 沿贴布用3股线平针缝缝一圈，颜色设计如下：数字1、4、8用黄色线；数字6用浅粉红色线；数字2和3用绿色线；数字7和叹号用深绿色线；数字0和5用深粉红色线。

9 将做背布的花布反面朝上放平、喷胶，将加了铺棉的游戏垫表布居中放在其上，正面朝上，抚平褶皱。背布比表布和铺棉大一圈。

10 将多出表布的背布的4条边折向表布，折两次，每次约折3cm的边，熨平。将4根丝带对折，将它们夹在游戏垫的折边里的任意位置。

11 用黄色、绿色、粉红色和珊瑚色的绣线制作流苏（参考“实用技法”部分第10页“流苏的制作”）。将流苏固定在垫子的4个角，毛边藏在折边里。

12 用贴布缝将折边固定在表布上。用3股青色绣线，沿折边内侧0.3cm平针缝缝一圈。完成。

NIVEA
BABY
Pudra
Caring Powder
TESTED

猫猫枕头和尿布垫

　　这个组合是我最喜欢的一套作品。尿布垫是带宝宝出门时最重要的物品之一。猫猫枕头可以当宝宝换尿布时的枕头或者作为宝宝的玩具。

成品尺寸

猫猫枕头（包括耳朵和腿）40cm×21cm

尿布垫 67cm×48cm

材料

猫猫枕头

- 19.4cm × 22.6cm水玉布做表布
- 16cm × 22.6cm方格布做表布
- 33.8cm × 22.6cm水玉布做背布
- 4片7cm × 7cm水玉布做耳朵
- 2片4.5cm × 4.5cm棕色布做耳朵内侧
- 2片4.5cm × 4.5cm热熔衬做耳朵
- 2片4.7cm × 8.5cm水玉布做耳朵
- 2片4.7cm × 8.5cm热熔衬做手臂
- 2片6cm × 6.5cm水玉布做脚
- 4片6.5cm × 6cm格纹布做口袋
- 2根7cm缎带做口袋
- 6cm缎带做标签
- 2个小扣子
- 2.5cm × 5cm毛毡布片及热熔衬做反面的标签
- 4cm棉织带做标签
- 玩具填充棉
- 薄卡纸（制作模板）
- 黑色绣线（DMC 310 Cotton Perle No. 8 in black）
- 棕色绣线（DMC 3031）

尿布垫

- 50cm × 70cm方格布做垫子表布
- 50cm × 70cm水玉布做垫子里布
- 50cm × 70cm薄棉布
- 50cm × 70cm铺棉
- 15cm × 4cm棉布做纽扣系带
- 15cm × 15cm方格布做口袋
- 15cm × 20cm黄色布做口袋
- 15cm缎带做口袋
- 纽扣
- 6cm缎带
- 喷胶

制作说明

猫猫枕头

1 描画纸型，用薄卡纸制作模板。

2 在做耳朵内侧的布料反面熨烫热熔衬，用熨斗熨烫5~10秒，使用耳朵内侧部分的模板描画并剪下。

3 将耳朵内侧部分的模板放在制作耳朵的水玉布正面，沿模板描画。将三角形的耳朵内侧部分熨烫在水玉布的表面，并沿边缘贴缝。

4 将做耳朵的表布和背布正面相对放在一起，用耳朵模板画在其中一块布上，沿线缝合，底边不缝。剪掉多余的布料，将耳朵翻回正面熨平。

5 使用手臂模板描画并剪下相应的布料，将各边向内折0.5cm。剪两片热熔衬（用手臂模板，不加缝份），将它们熨烫在手臂布料的反面。用同样的方法做2个手臂。

6 在两片格纹布的反面用口袋模板画好口袋的形状。将每一片与另一片没画过的格纹布正面相对，沿描好的线缝合，在上面的直边中间位置留3cm返口不缝。剪去多余布料，从返口翻回正面并熨平。将7cm缎带对齐口袋上面的直边，将缎带的毛边向下折，将缎带两边缝在口袋上。用同样的方法做2个口袋。

7 将做脚的水玉布正面相对。将脚的模板放在其中一片布的反面画线，沿画好的线缝合，但直边不缝。翻回正面熨平。用同样的方法做2只脚。

8 绣出猫脸，将猫脸图样画在水玉布上。用黑色刺绣线以回针绣绣出猫脸，以缎面绣填充鼻子。

9 将水玉布表布和方格表布正面相对缝合，缝份倒向下面的方格布。在方格布上距缝合线约0.2cm处用平针缝缝一道装饰线。

10 熨平表布，在水玉布表布上面画上猫脸，并用刺绣装饰。用可消笔标出耳朵、脚、手臂和口袋的位置。将你之前准备好的相应的部分放在各自的位置上，摆放方法如图。

11 将耳朵放在前片表布上，正面相对，上边缘对齐，缝合固定。

12 将脚放在前片表布上，正面相对，下边缘对齐，缝合固定。

13 将手臂的热熔衬衬纸撕掉，用熨斗熨烫5~10秒将其固定在表布相应的位置。沿边缘0.2cm缝合。

14 将口袋缝合固定在表布上。我是用2股棕色绣线并用平针缝固定口袋。

15 将6cm的缎带对折，毛边与方格布表布的左边缘对齐缝合固定。

16 将两个小扣子缝在方格布表布相应的位置。

17 制作背布上的标签。用模板剪下一片毛毡布，将棉织带缝到毛毡布的中间位置。将标签放在背布的右侧，在短边之上5cm，长边右侧2.5cm。反面加上热熔衬熨烫到相应位置，沿边缘0.2cm缝合固定。

18 将猫猫枕头的表布和背布正面相对，各边对齐，整圈缝合，在两脚之间留一个4cm的返口。剪去多余的布料，从返口翻到正面，熨平，从返口用填充棉填满枕头。用藏针缝缝合返口。

尿布垫

1 在方格布表布上，画菱形格对角线，格子间距3cm。将铺棉放在方格布下，薄棉布放在铺棉之下。用喷胶将三层（外层布、铺棉、薄棉布）固定，沿画好的菱形格压线。我用方格布料时，也会借助布上的方格图案压线。

2 制作纽扣系带。将布料沿长度方向对折，熨烫后打开。将两条长边再次向内折向中间熨烫的折痕，然后再对折熨平，将所有毛边包在里面。在距边缘0.2cm处缝合长边。

3 将两片口袋布正面相对，15cm的边对齐，缝合。将缝份熨开。在两块布接缝处的正面缝一条缎带，沿缎带的两条长边缝好。

4 将准备好的口袋布对折，正面相对。沿三边缝合，在短边的中间留一个4cm的返口。翻回至正面并熨烫。

5 描画尿布垫纸型并制作模板。

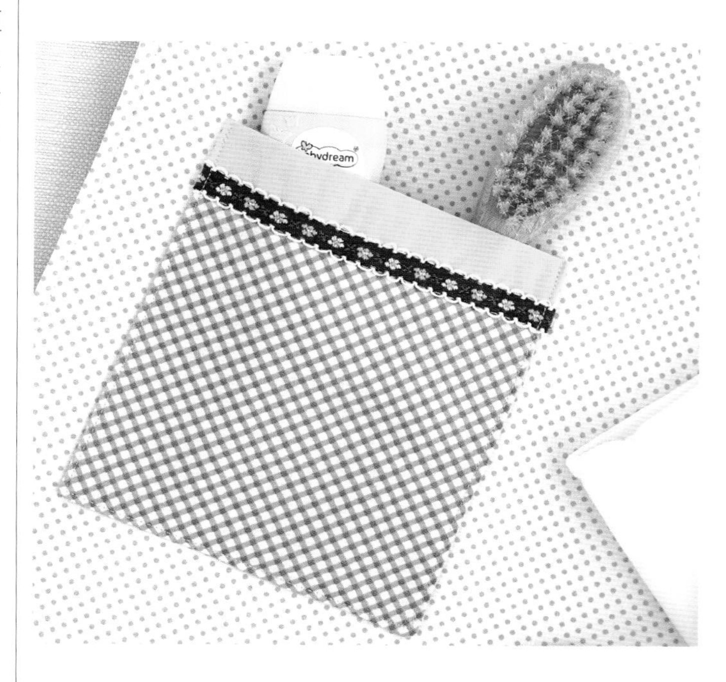

6 将制作尿布垫里布的水玉布正面朝上，将模板放在上面画好。将口袋放在左下角，距底边7cm、距左边4.5cm处。沿口袋三边，将口袋缝在里布上，线迹距边缘0.2cm。

7 将准备好的纽扣系带对折，毛边对齐尿布垫里布的上边中间位置，缝合固定。

8 将6cm缎带对折，将毛边留在右边缘缝份里。将缎带缝在右侧底边上方12~13cm处。

9 将尿布垫的外层和里布正面相对，各边对齐。将尿布垫模板放在上面沿边缘描画，留6cm返口后沿线缝合。从返口翻出正面并熨平。

10 在距尿布垫边缘0.3cm处用平针缝缝一圈。

11 在尿布垫外层下边缘的上方31cm处缝上纽扣。完成。

Baby!

小房子信插

制作这些可爱的小房子非常有趣，它能给你宝宝的房间带来很多色彩。它可能比本书中的其他作品制作时间长一些，但绝对值得花时间去做！完成后你可以用一根木杆或衣架将它挂在墙上。

成品尺寸
30cm × 26cm

材料

- 25cm×20cm棉布做房子的墙
- 32cm×29cm棉布做背布
- 32cm×29cm铺棉
- 32cm×5cm棉布做房顶的底布
- 30片7cm×7cm各色棉布做房顶
- 2片25cm×19cm棉布做口袋
- 25cm×19cm铺棉做口袋
- 12cm×8.5cm棉布做门
- 6cm×5.5cm棉布做窗
- 1.8cm×68cm成品包边条，或者用3.6cm×68cm斜裁布条自制包边条
- 10cm×20cm薄布衬用于门和窗的贴布
- 2个纽扣
- 薄卡纸（制作模板）
- 布用胶
- 液体布用胶

蓝色的房子

- 刺绣材料
  粉红色绣线（DMC 352）
  蓝色绣线（DMC 3755）
  绿色绣线（DMC 563）
- 3个纽扣

粉红色的房子

- 5cm×6cm毛毡布和稍大的热熔衬
- 1个绒球做兔子尾巴
- 刺绣材料
  粉红色绣线（DMC 352）
  深青绿色绣线（DMC 3851）
  绿色绣线（DMC 563）
- 3个纽扣

制作说明

1 参考“实用技法”部分第6页“英式硬纸拼布”的制作方法，准备好制作屋顶的贝壳布块。将屋顶的底布沿长度方向对折，熨出折痕。将布打开，将贝壳布块的长弧边对准折痕，贴缝在底布上。按照“英式硬纸拼布”部分介绍的方法，参考图示，继续贴缝贝壳。

2 屋顶贴缝完成后熨平。沿房顶的下边缘裁剪，只留1cm的缝份。

3 将墙壁的长边中心位置对准房顶贝壳贴布长边的中心位置，将它们正面对齐缝合。将缝份倒向墙壁的方向，在缝合线下方0.2cm处用平针缝压线。房子信插的表布完成。

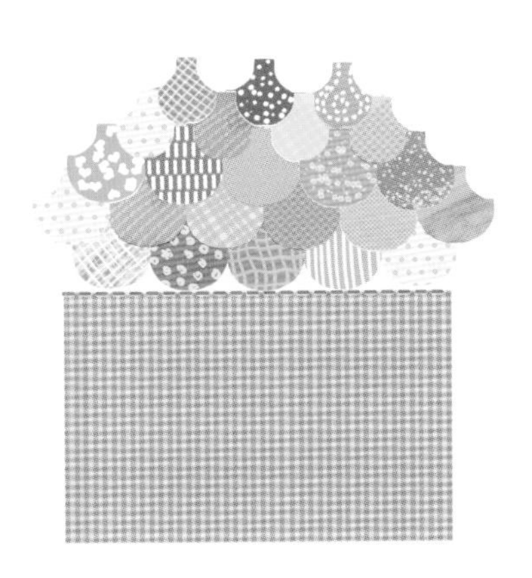

4 将包边条平分成两段。将每一段沿长度方向对折，毛边向内，沿两侧长边缝合。

5 按照你准备的纽扣的尺寸，在包边条的一端做一个扣眼。

6 铺棉放平，房子信插的背布正面朝上放在上面（可以先喷胶固定两层）。将步骤3中做好的房子信插表布反面朝上放在最上面。放上模板，画好房子的形状。将两条包边条放在房顶上距离左右两边2cm处，毛边朝外。用珠针固定，沿房子轮廓缝合，在底部留5cm返口。剪掉多余的布边。

7 翻出正面并熨平，在距边缘0.2cm处用平针缝缝一圈。

8 将青草图案描画到口袋的表布上。用3股绿色绣线以回针绣绣出青草。缝好纽扣。用毛毡布剪出兔子的形状，将热熔衬熨烫粘贴到口袋的表布上，再缝一圈固定。用白色绒球做花兔子的尾巴。用粉红色绣线以十字绣绣出兔子的眼睛。

9 将做门和窗的布与薄布衬正面相对。将门和窗的模板放在布衬上画出门和窗的形状，沿线缝合。用剪刀在布衬上剪开一个小的口子，从这个开口中翻回正面并整理熨平。

10 将门和窗贴缝固定在口袋表布相应的位置。如图在门上缝上纽扣装饰。口袋表布完成。

11 口袋铺棉放平，口袋里布正面朝上放在铺棉之上，各边对齐。将口袋表布反面朝上放在上面，用模板将口袋的形状画在表布的反面，缝合一圈留5cm的返口。从返口翻到正面并熨平，在距离边缘0.2cm处用平针缝缝一圈。

12 用3股粉红色线沿门的外侧用平针缝缝一圈，用3股蓝色线沿窗的内侧用平针缝缝线一圈。粉红色的信插用同样的方法，即用绿色线绣在门的外侧，粉红色线绣在窗的内侧。

13 将小绒球缝在粉红色信插兔子的尾巴上。口袋完成。

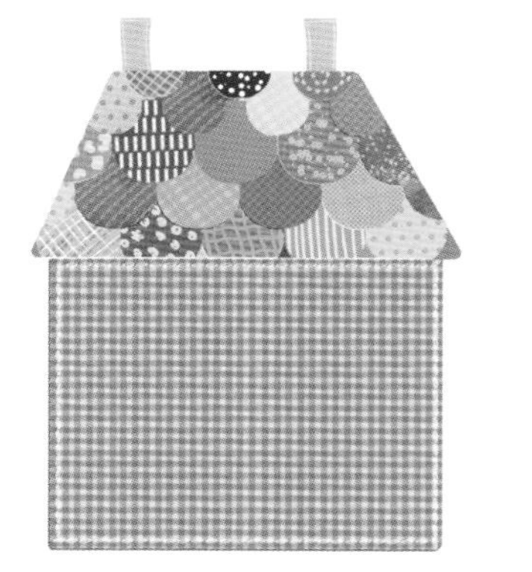

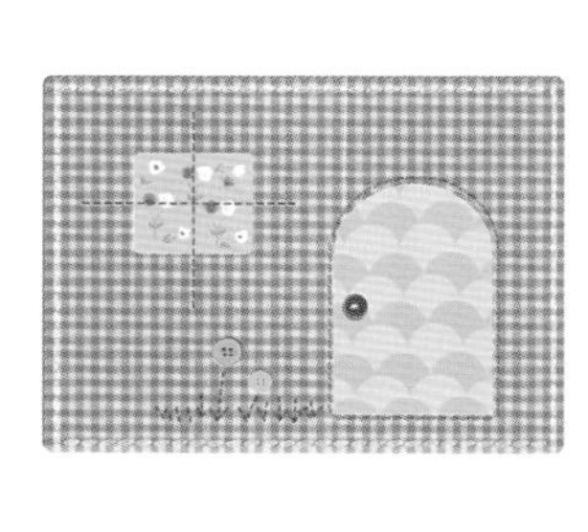

14 将口袋放在信插的表布上，各边对齐，用珠针固定，用卷针缝缝合三边，上边开口不缝。

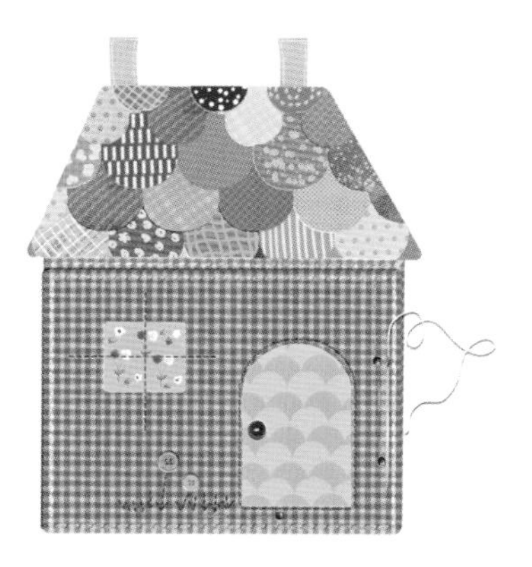

15 在信插的反面缝上两个纽扣。完成。

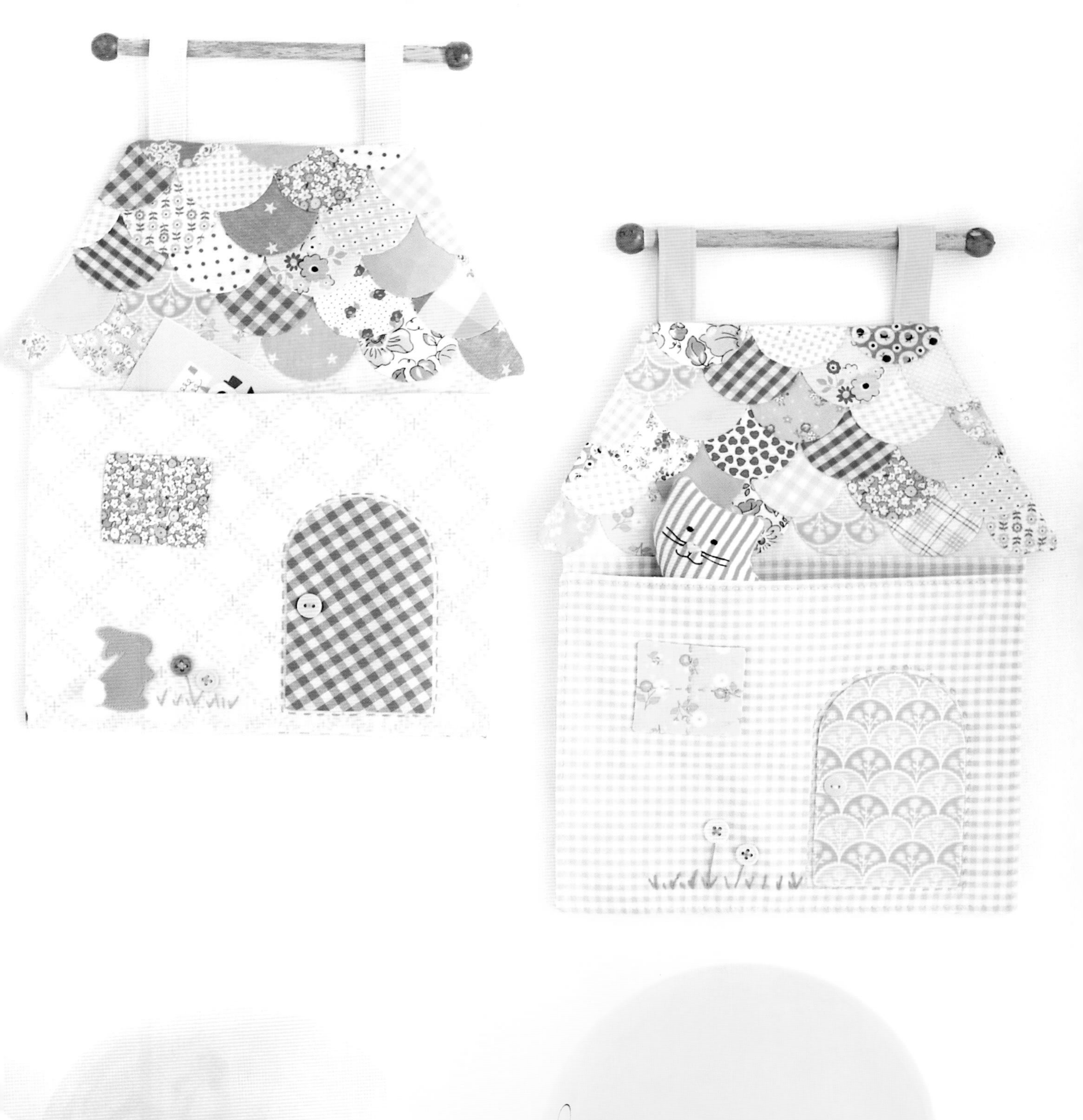

拼布被

这是我最喜欢的作品之一。拼布被可以立刻给房间带来愉快和色彩。你可以用不同的布料和贴布图案设计你自己的拼布被，作为一个特殊的礼物送给新晋升的妈妈。

充分发挥你的想象力设计拼布被吧，完成后是独一无二的哦！

成品尺寸
90cm × 90cm

材料

表布

- 16片15cm×15cm配色布
- 4片22.1cm×22.1cm配色布
- 2片71.8cm×10cm格纹布
- 2片90.2cm×10cm格纹布

背布

- 91cm×91cm棉布
- 91cm×91cm铺棉
- 5根68cm缎带
- 2根15cm×7.5cm白色蕾丝（可选配）
- 3cm×400cm成品包边条，或者用6cm×400cm斜裁布条自制包边条
- 白色绣线（DMC Cotton Perle No. 8 in white）
- 薄卡纸（制作模板）

心形

- 13cm×13cm花布
- 13cm×13cm热熔衬
- 红色绣线（DMC 347）

三叶草

- 13cm×13cm绿色棉布
- 13cm×13cm热熔衬
- 绿色绣线（DMC 704）

房子

- 10.5cm×8cm棉布做房子
- 11cm×4.5cm棉布做屋顶
- 3cm×3cm棉布做窗户
- 3cm×4cm棉布做门
- 6cm缎带做烟囱
- 12cm×14cm热熔衬

大象和气球

- 16cm×10cm蓝色棉布做大象
- 3.5cm×4cm棉布做气球
- 16cm×10cm热熔衬
- 黑色绣线（DMC 310 Cotton Perle No. 8 in black）

口袋

- 25cm×16cm棉布
- 16cm缎带
- 6cm缎带

制作说明

1 将心形、大象和气球、三叶草、房子的纸型描下，用薄卡纸准备好相应的模板。

2 将热熔衬分别熨烫至心形、三叶草、大象和气球、房子、房顶、门、窗户的布料的反面，用熨斗熨烫5~10秒固定。在热熔衬反面的衬纸上用模板画好相应的图样，沿线剪下。

3 将心形贴布反面的衬纸撕下，放在一片15cm×15cm棉布正面的中央位置，用熨斗熨烫固定。沿边缘机缝一圈。再取4股红色绣线，用锁边绣沿心形贴布的边缘绣一圈。

4 用同样的方法，在一片22.1cm×22.1cm的棉布上，熨烫固定好房子、屋顶、门、窗户的贴布。在贴烟囱之前，将制作烟囱的缎带对折，毛边插入屋顶贴布的下方。用黑色或棕色的线沿所有贴布缝合一圈。

5 将三叶草贴布熨烫在另一片22.1cm×22.1cm的棉布上。用4股绿色绣线沿三叶草外侧用平针绣绣一圈。

6 将大象和气球贴布熨烫在一片22.1cm×22.1cm的棉布表面，沿边缘贴缝。用回针绣绣出拴气球的线、大象的耳朵、大象的尾巴、大象的眼睛，大象的尾巴末端绣一个法国结粒绣。

7 将25cm×16cm用于制作口袋的布沿25cm的边对折。打开，将缎带放在口袋布的右侧折痕下方1.5cm处，沿缎带的两条长边缝合固定。再次将布块对折，这次是正面相对。沿各边缝合，留一个4cm的返口。从返口翻到正面，整理熨平。将口袋放在一块15cm×15cm的底布的中央位置，将6cm的缎带对折，将它压在口袋的右下角处，毛边压在口袋里面，沿口袋三边缝合，上边开口不缝。

8 将准备好的2片22.1cm×22.1cm的布片如图缝合，留0.8cm缝份，将缝份熨烫倒向左侧。将另外2片布用同样的方法缝合，缝份倒向右侧。再将这几片缝合在一起，留0.8cm缝份。这样你就完成了拼布被中央的4块拼布（图A、图B、图C）。

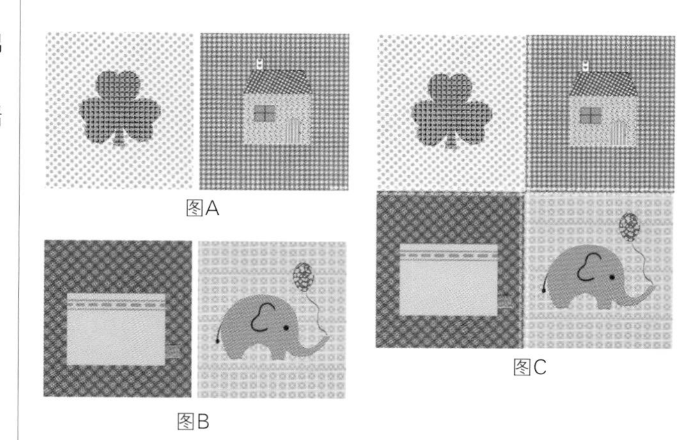
图A

图B

图C

9 将3片15cm×15cm布片留0.8cm缝份缝合成长条，将缝份烫开，然后将长条缝合在中央布块的左边，缝份也是0.8cm。右侧长条组合方法相同。在组合布片时，将6cm的缎带折好夹在如图的位置（第120页图D、图E、图F、图G）。我在右下角的方块上加了一条蕾丝花边作为装饰。

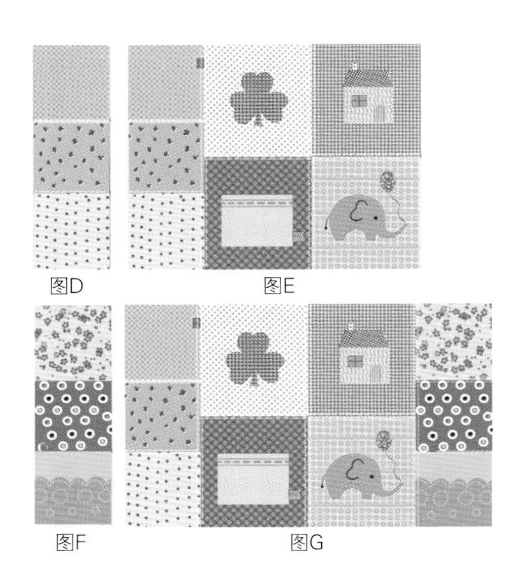
图D 图E

图F 图G

10 将5片15cm×15cm的布片留0.8cm缝份缝合成长条，长条缝在步骤9完成的布块的上方。用同样的方法组合下面一排的5块布。在组合布片时，将两根6cm的缎带折好夹在如图的位置（图H~图K），拼布布块全部完成。

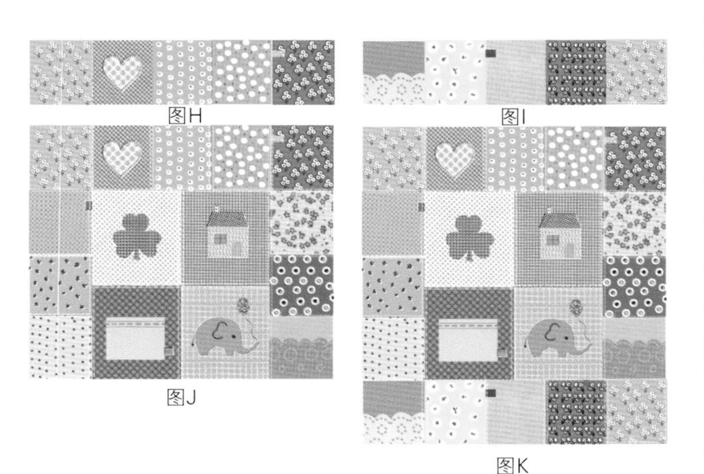
图H 图I

图J 图K

11 将2片71.8cm×10cm的格纹布缝到拼布布块的上方和下方，留0.8cm缝份。再将2条90.2cm×10cm的布缝到右侧和左侧。将缝份熨开（图L和图M）。

图L

图M

12 准备压线。铺棉放平、喷胶，将拼布表布放在上面用手抚平褶皱。翻到反面，先放铺棉在上面，喷胶。将背布放在上面，正面朝上，用手抚平褶皱。

13 可以用手缝压线或机器压线。我用白色绣线手缝压线。压线完成后，裁去多余的背布和铺棉。

14 包边。你可以用成品包边条或者自制包边条。自制包边条时，将6cm宽的布条接起来至400cm长。将布条沿长度方向对折，用你喜欢的方法包边。我一般用机缝将包边条的一边缝到被子的正面，然后再将包边条翻折用手缝贴缝到被子的反面。你可以参考本书“实用技法”部分第8页“包边”的制作方法。完成。

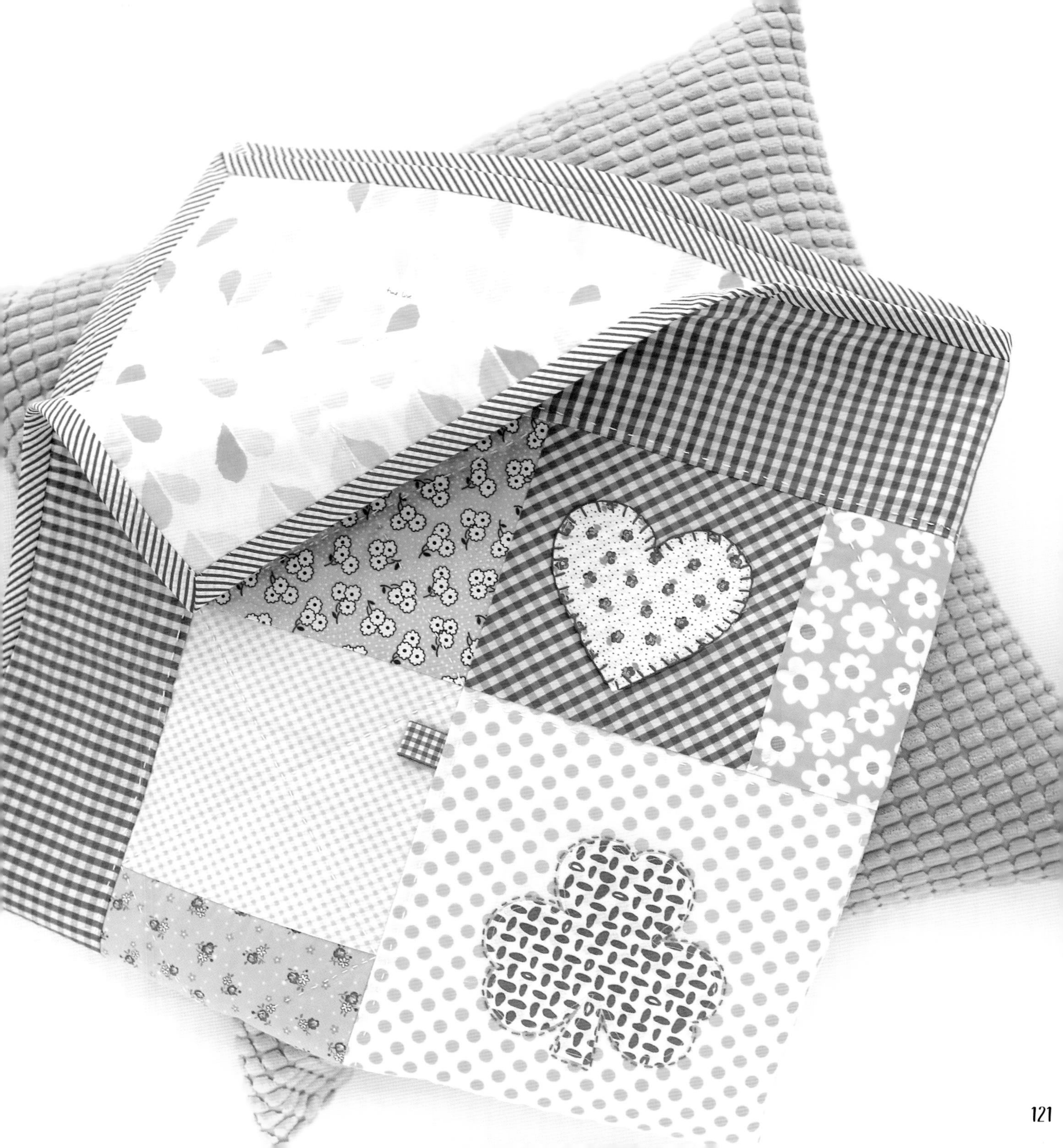

纸型

注意：除特意标明，本书中提到
缝份均为0.6cm。

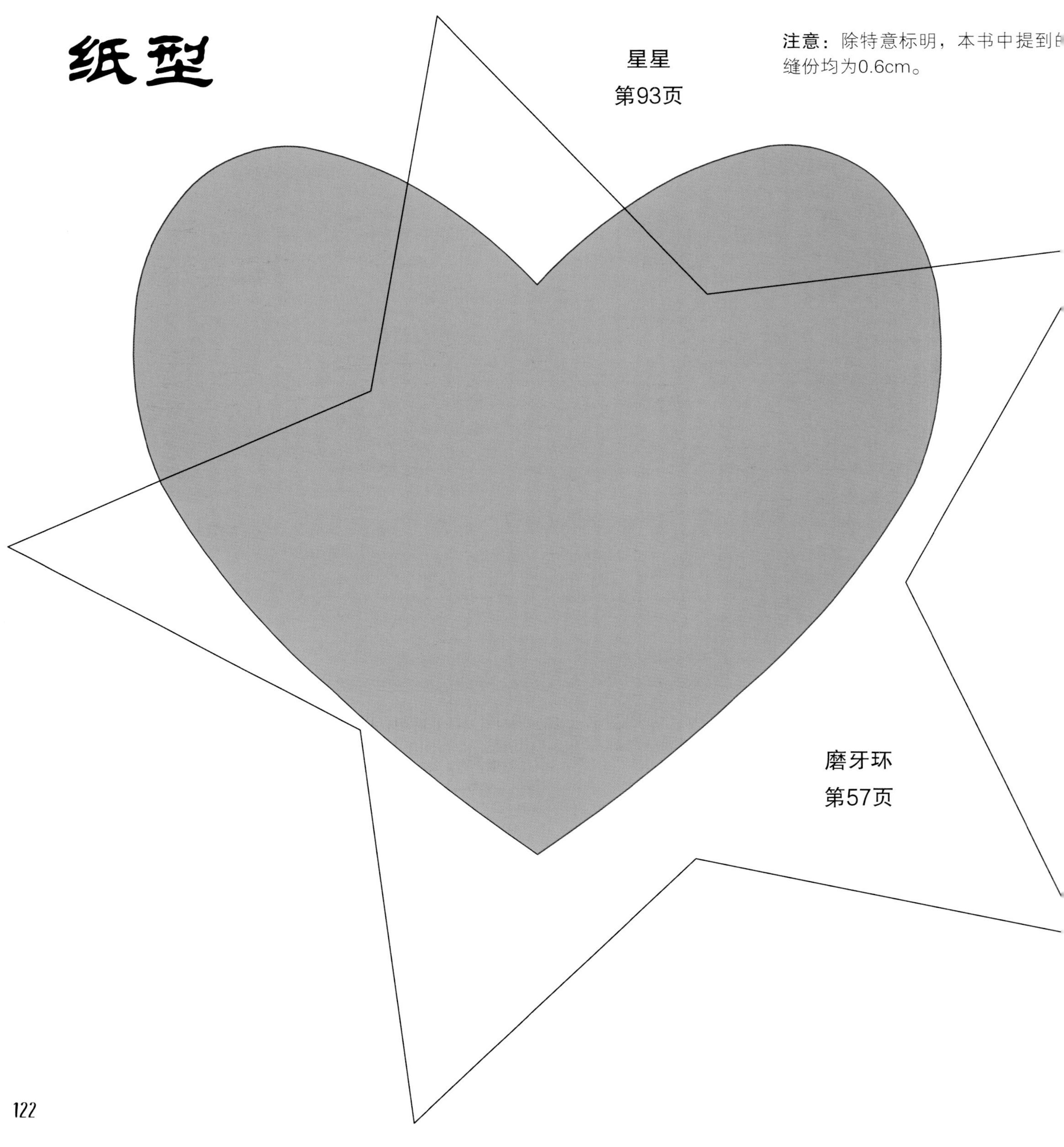

快乐的小兔刺绣

第96页

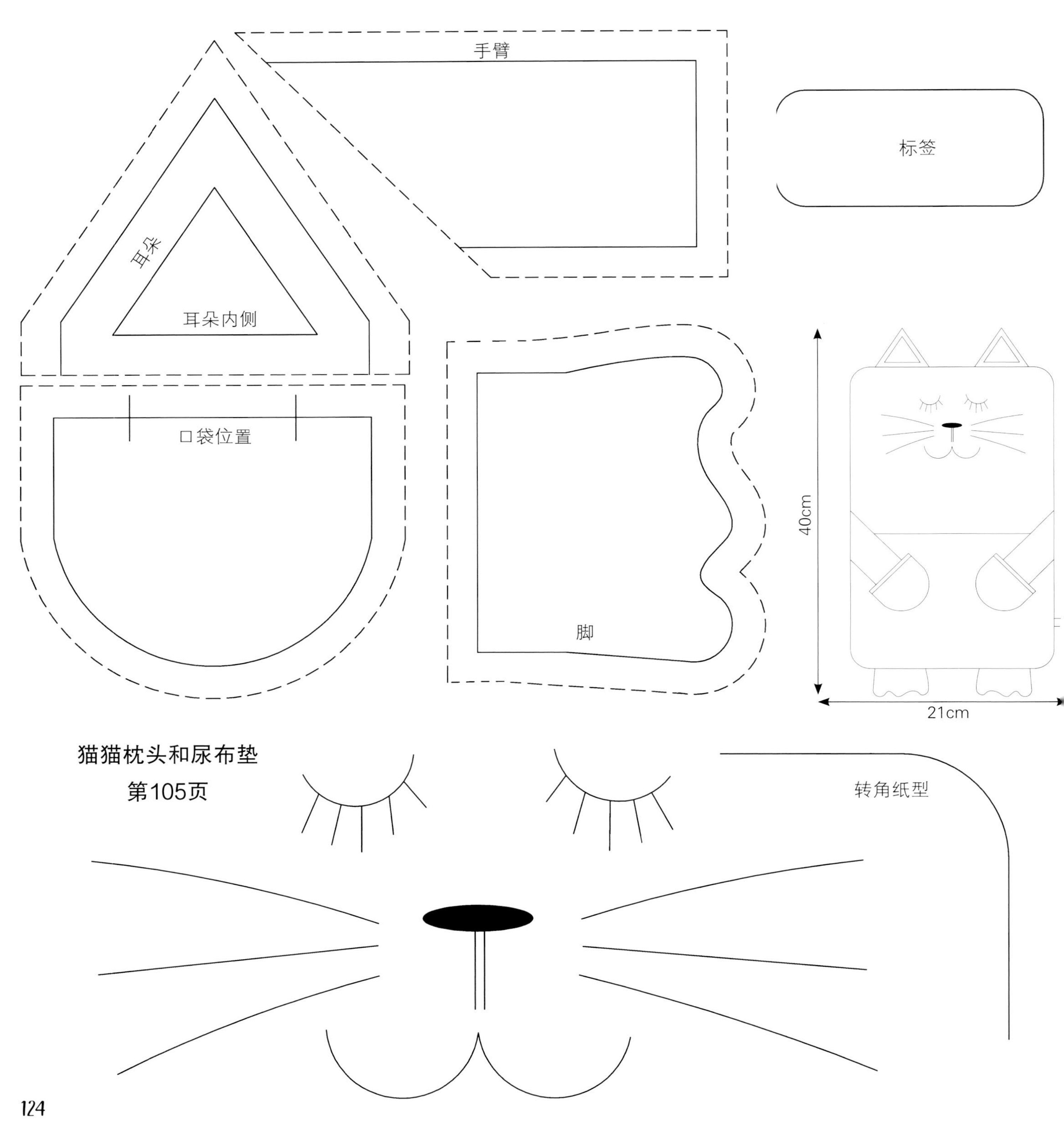

猫猫枕头和尿布垫

第105页

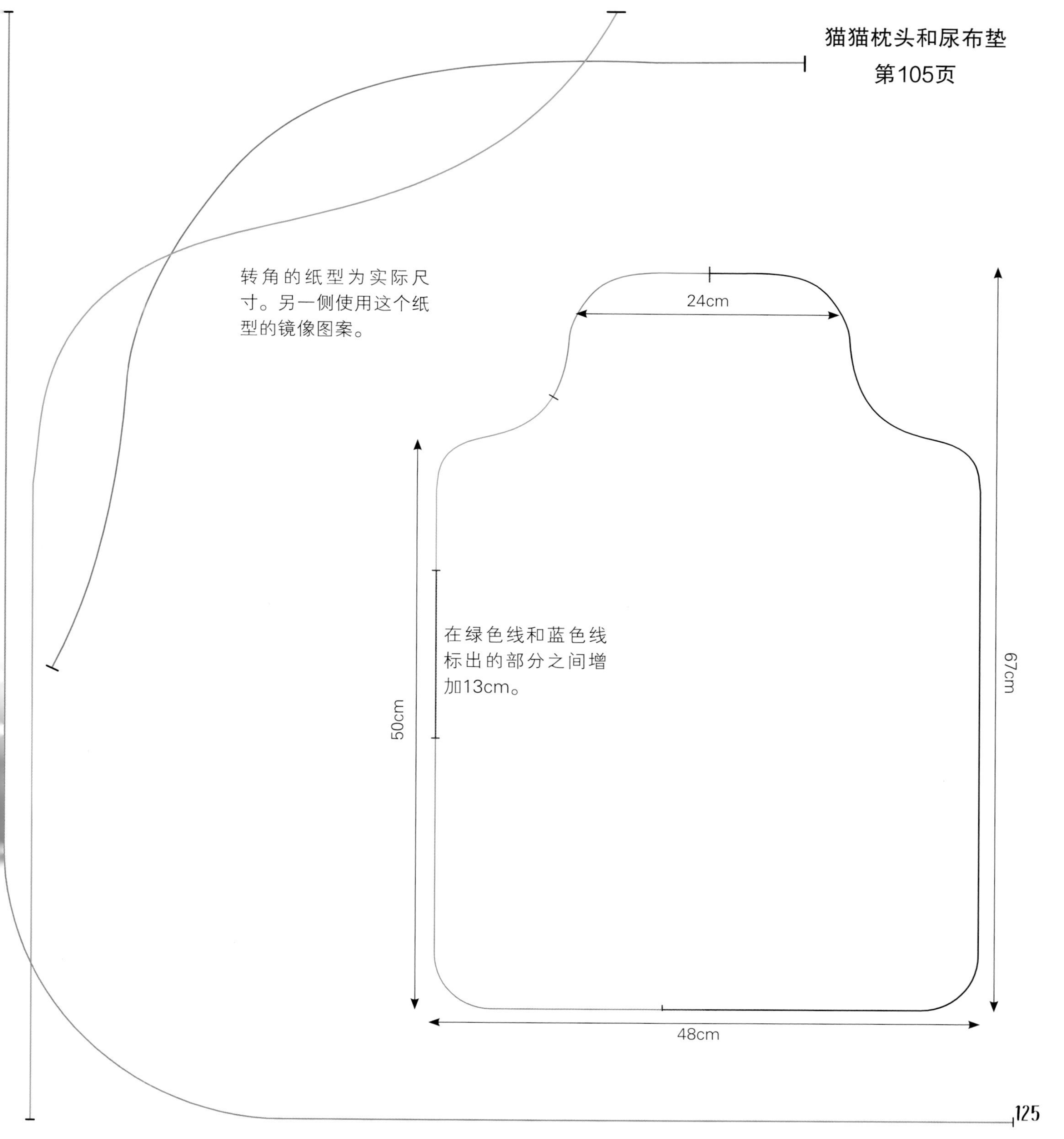
猫猫枕头和尿布垫
第105页
转角的纸型为实际尺寸。另一侧使用这个纸型的镜像图案。
24cm
在绿色线和蓝色线标出的部分之间增加13cm。
50cm
67cm
48cm

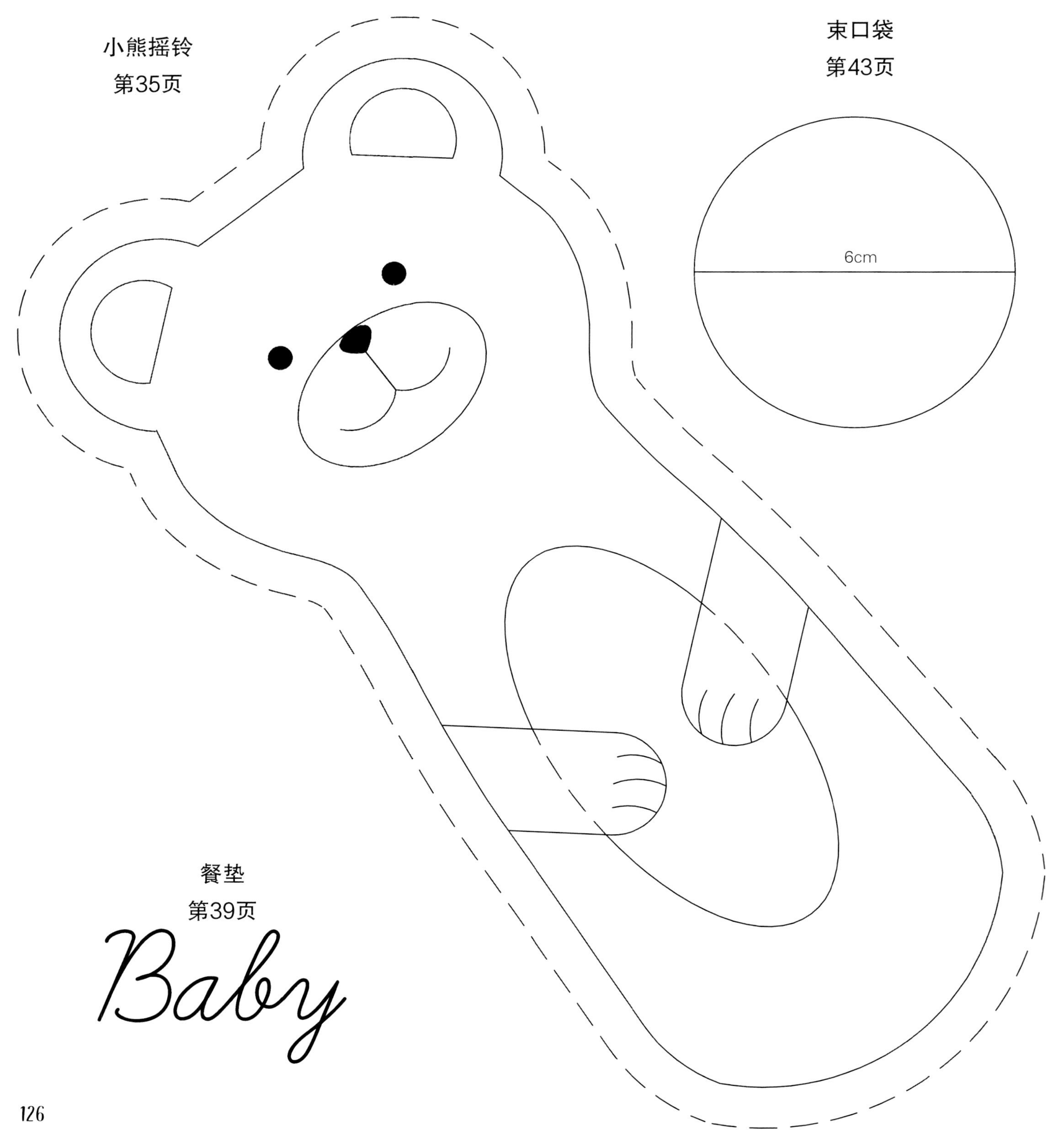
小熊摇铃
第35页
束口袋
第43页
6cm
餐垫
第39页
Baby

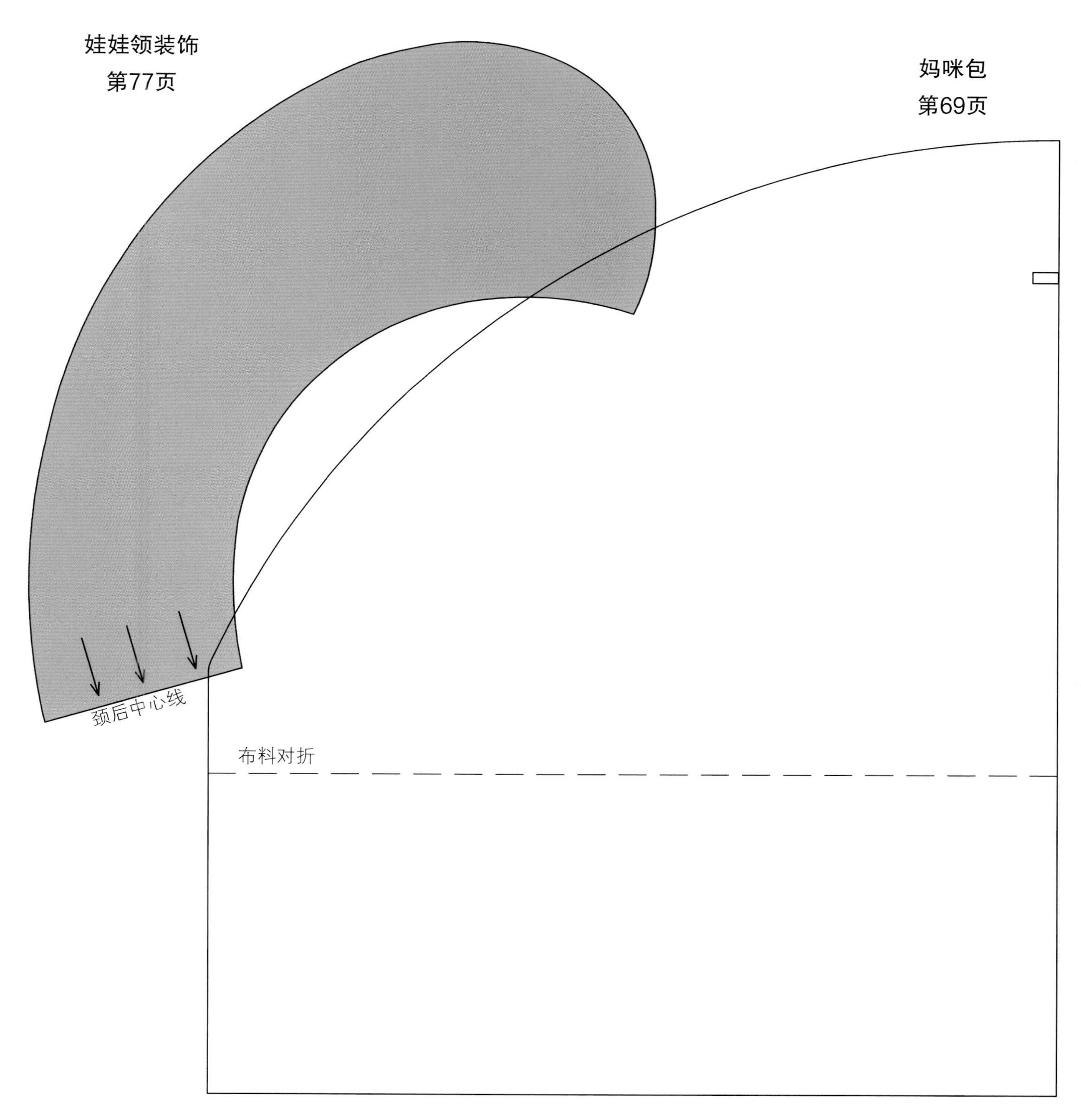
娃娃领装饰
第77页
妈咪包
第69页
颈后中心线
布料对折

小房子信插

第111页

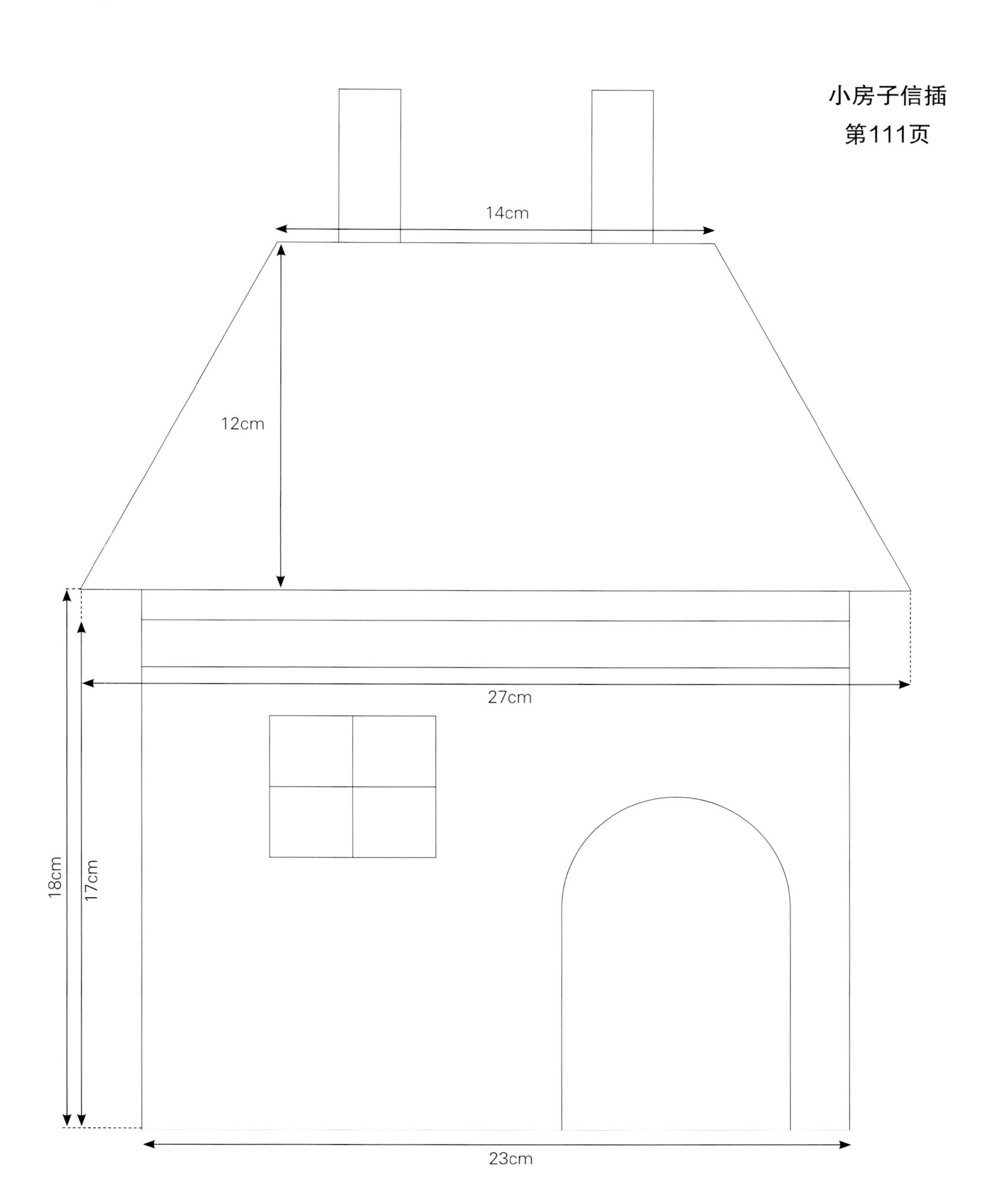
小房子信插
第111页
14cm
12cm
27cm
18cm
17cm
23cm

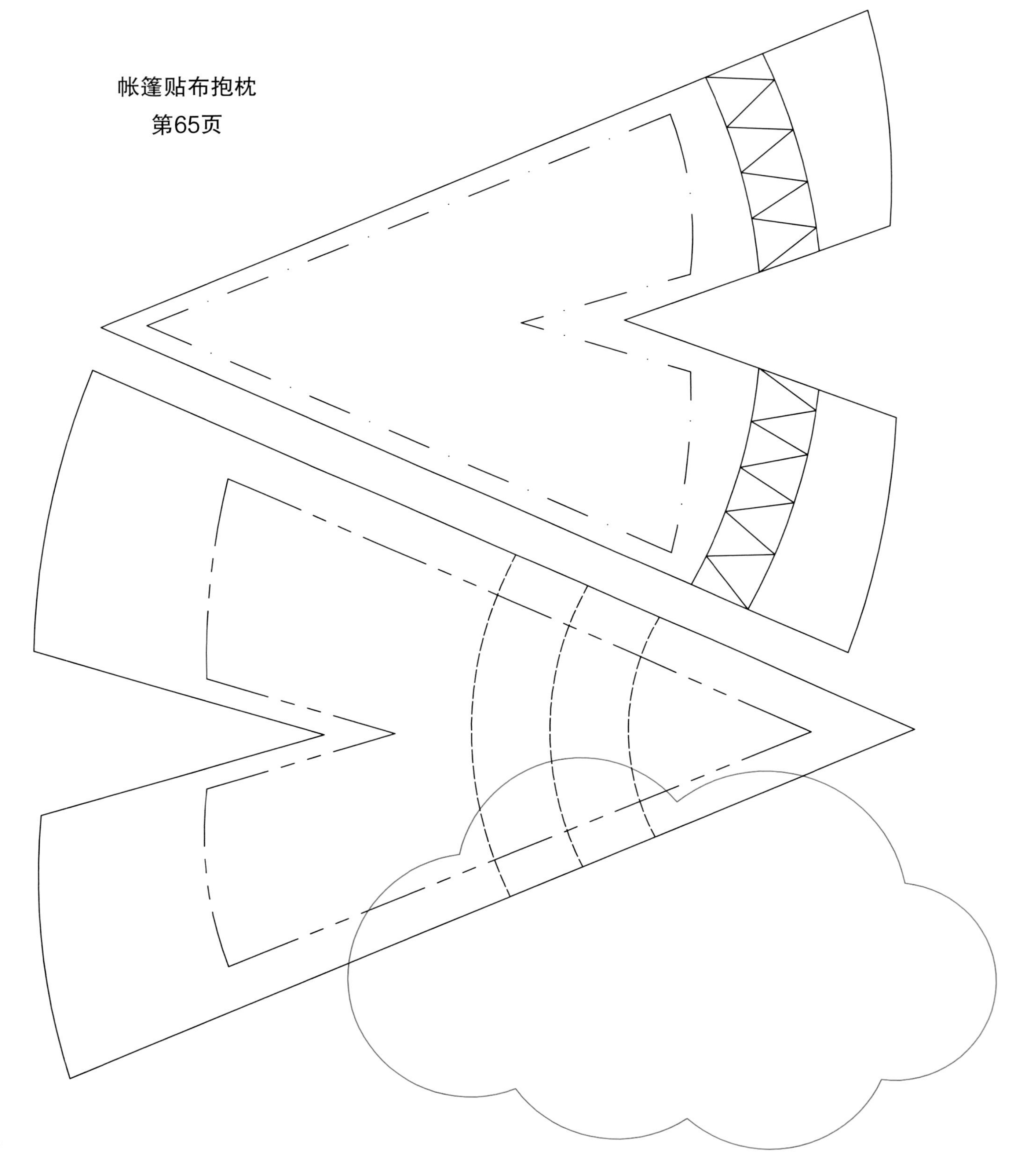
帐篷贴布抱枕
第65页

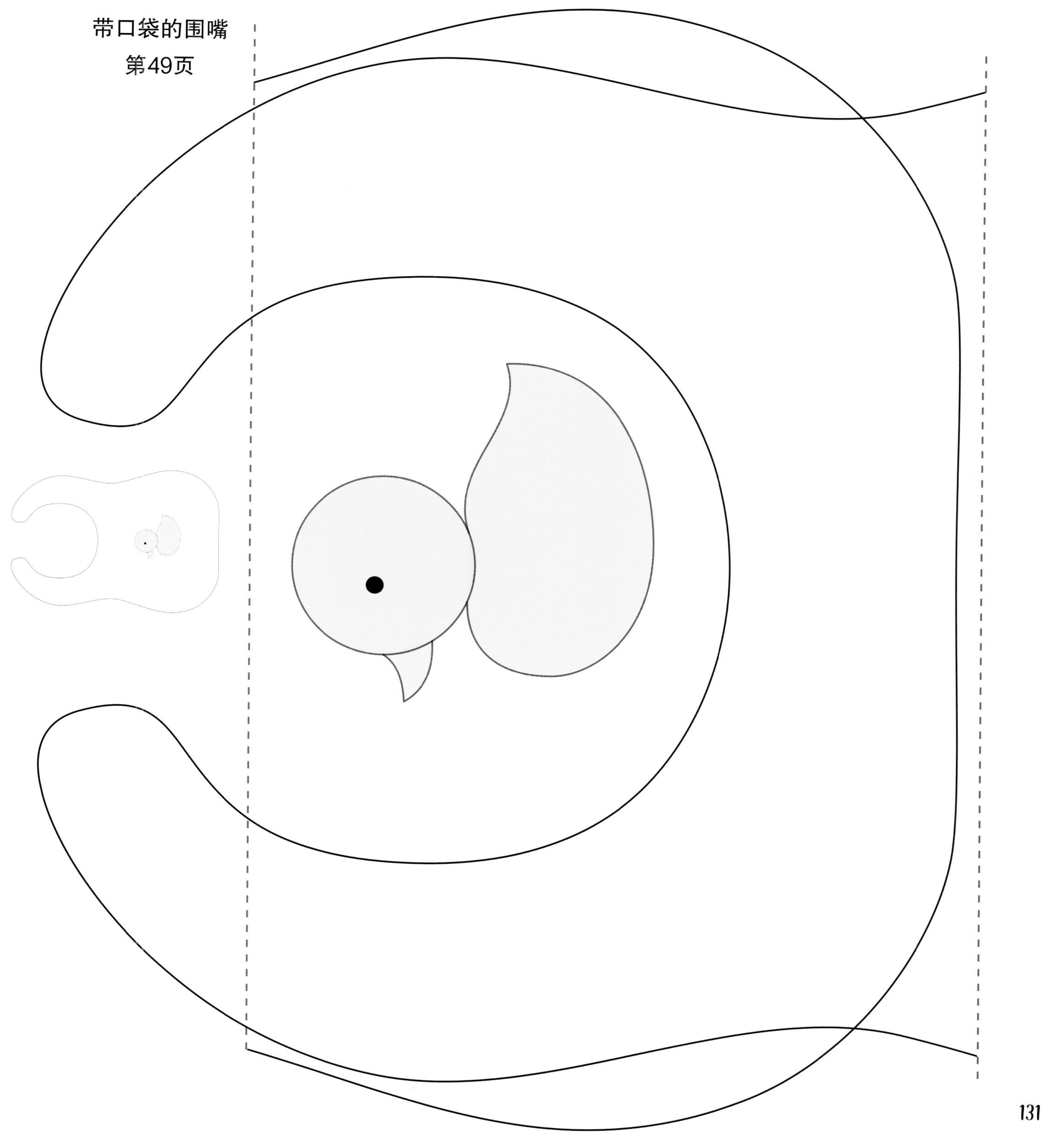
带口袋的围嘴
第49页

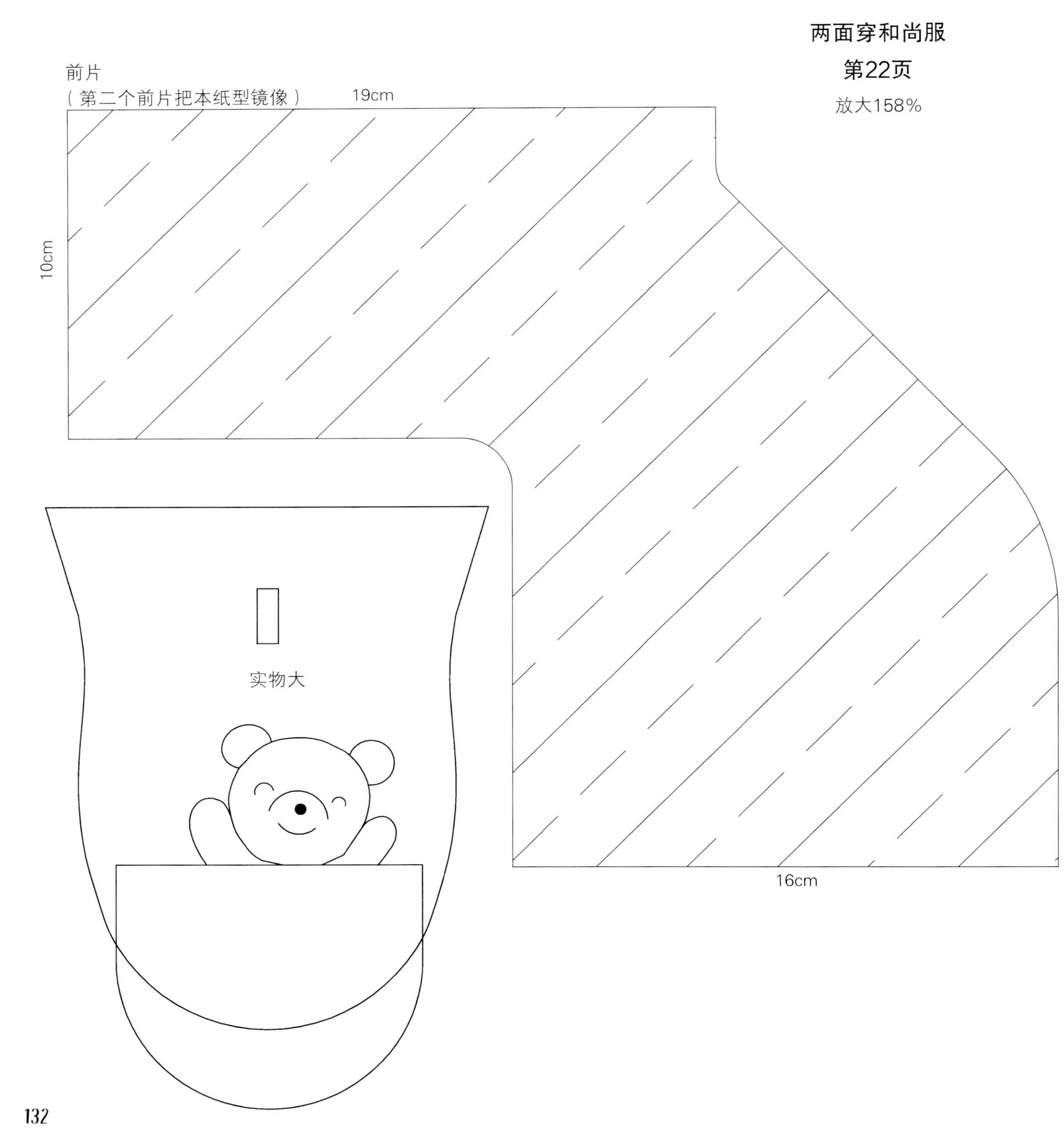
两面穿和尚服
第22页
放大158%
前片
（第二个前片把本纸型镜像）
19cm
10cm
16cm
实物大

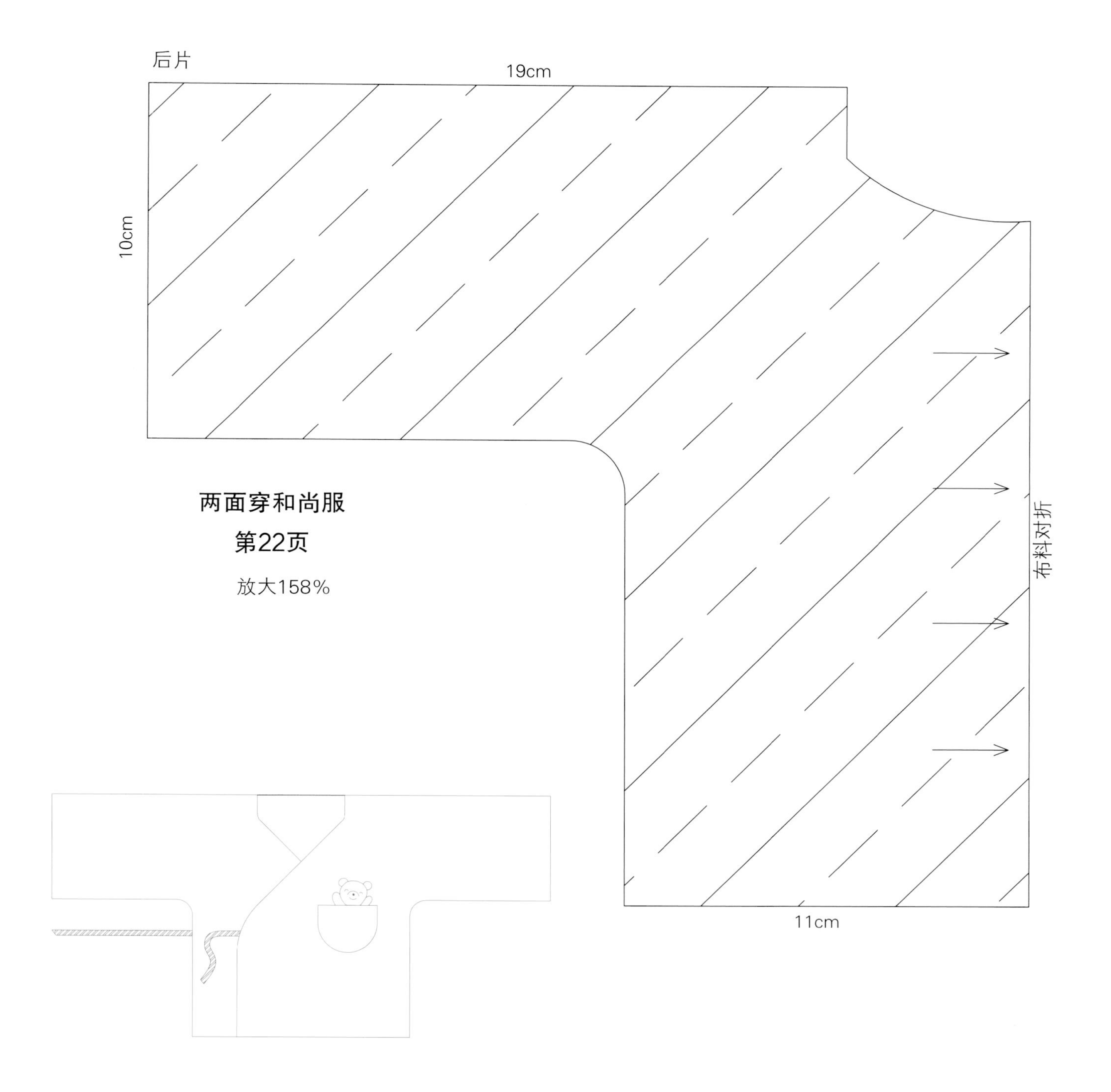
后片
19cm
10cm
布料对折
11cm
两面穿和尚服
第22页
放大158%

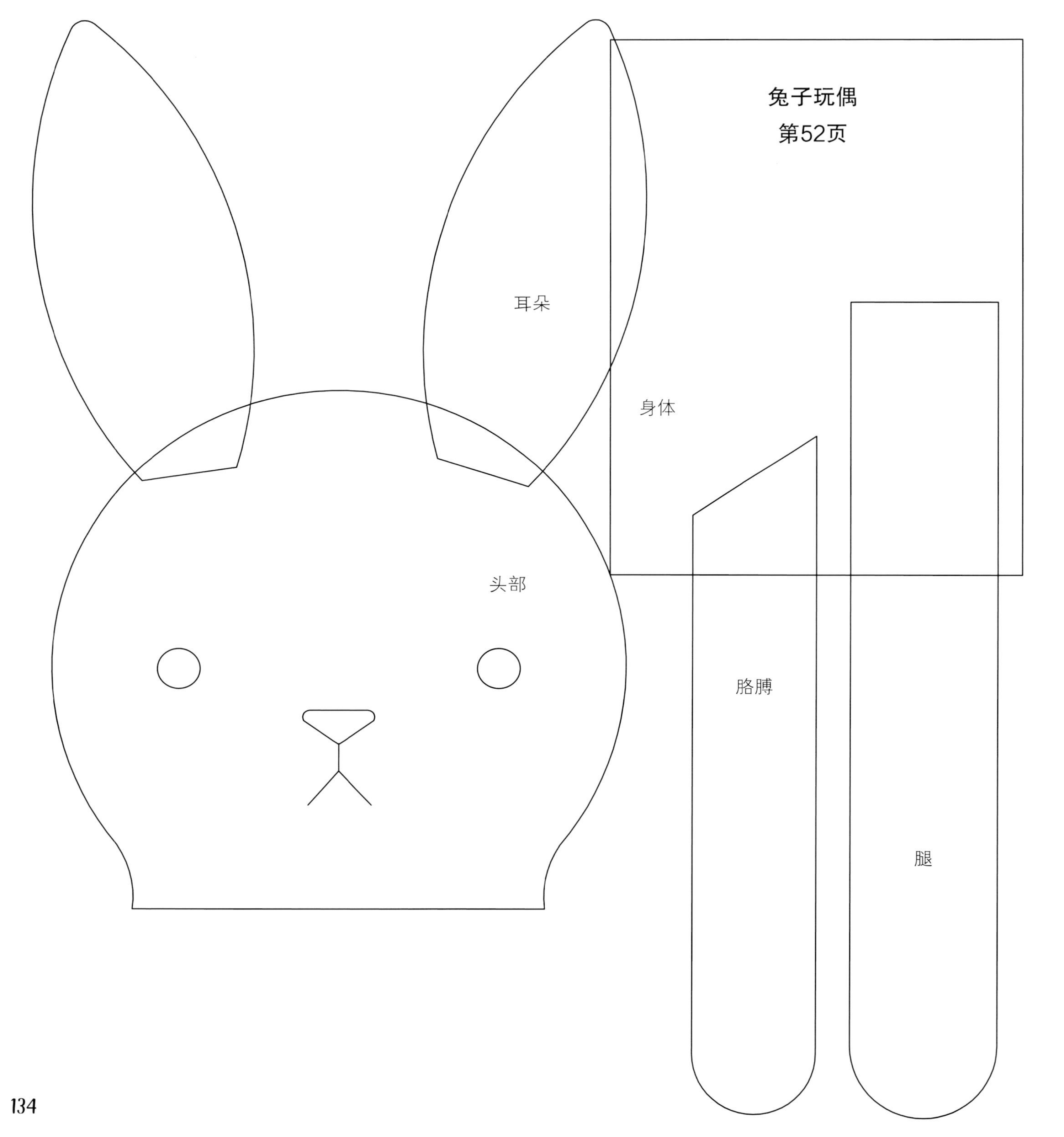
兔子玩偶
第52页
耳朵
身体
头部
胳膊
腿

带数字的游戏垫

第101页

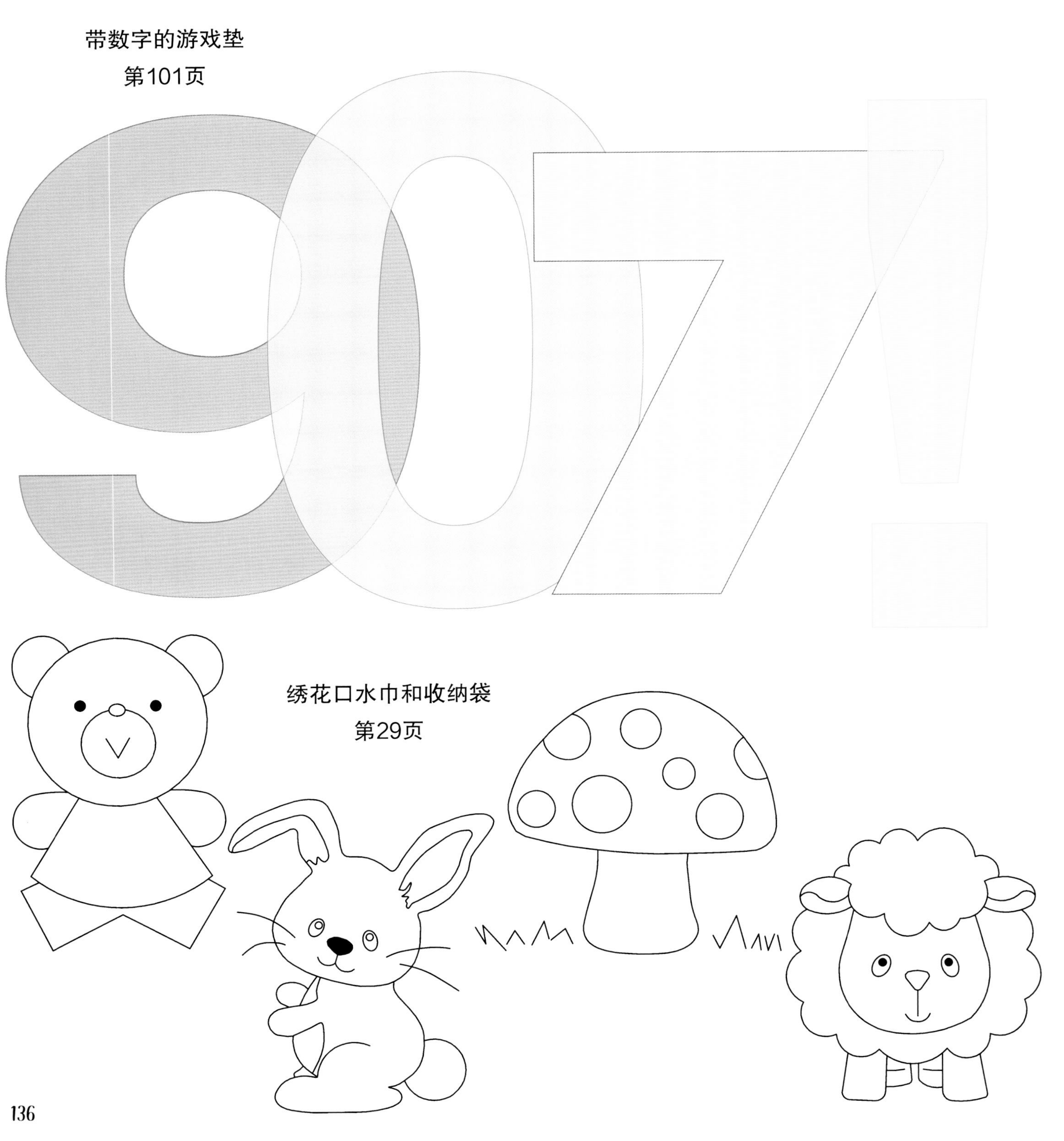

带数字的游戏垫
第101页

绣花口水巾和收纳袋
第29页

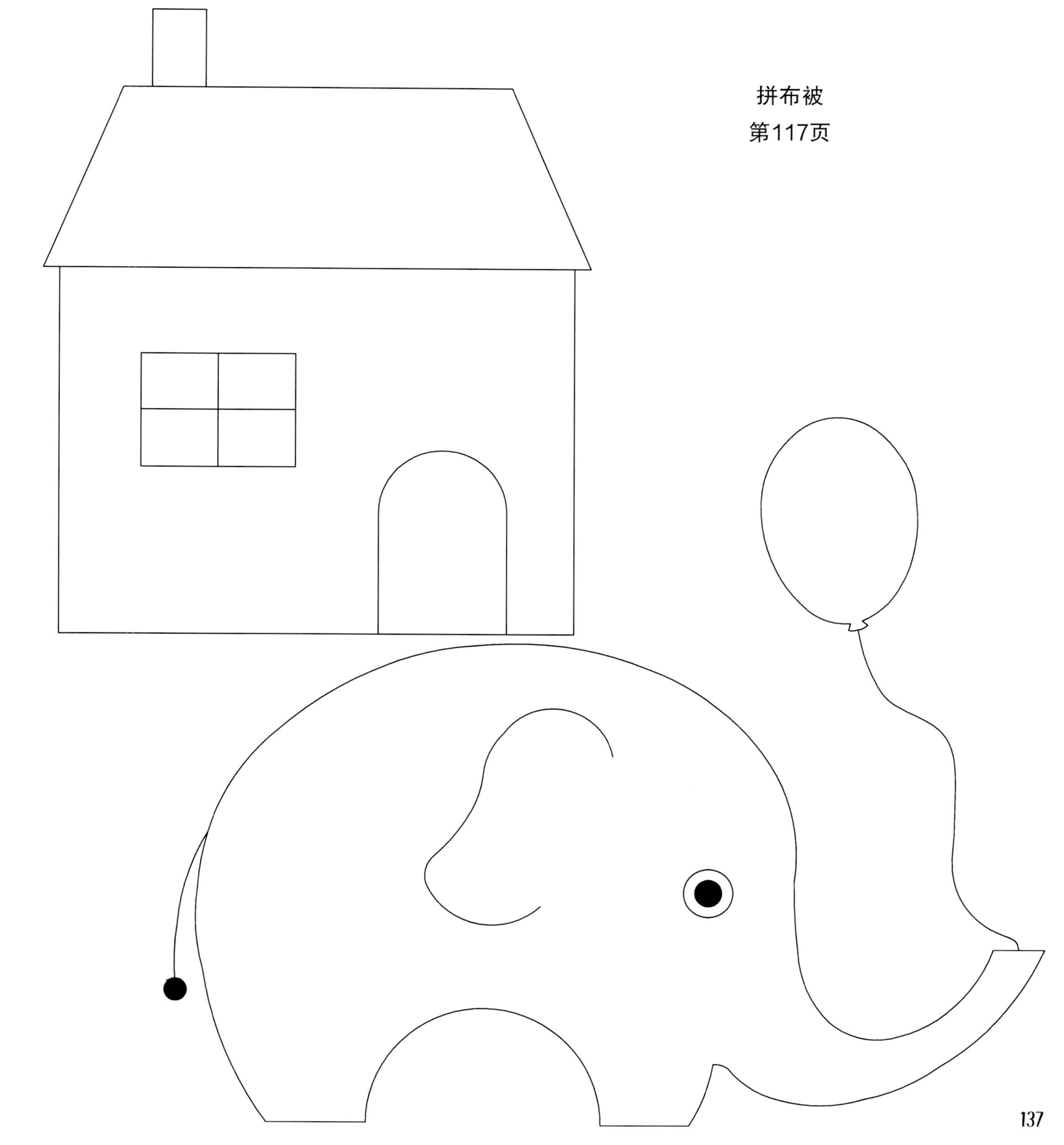
拼布被
第117页

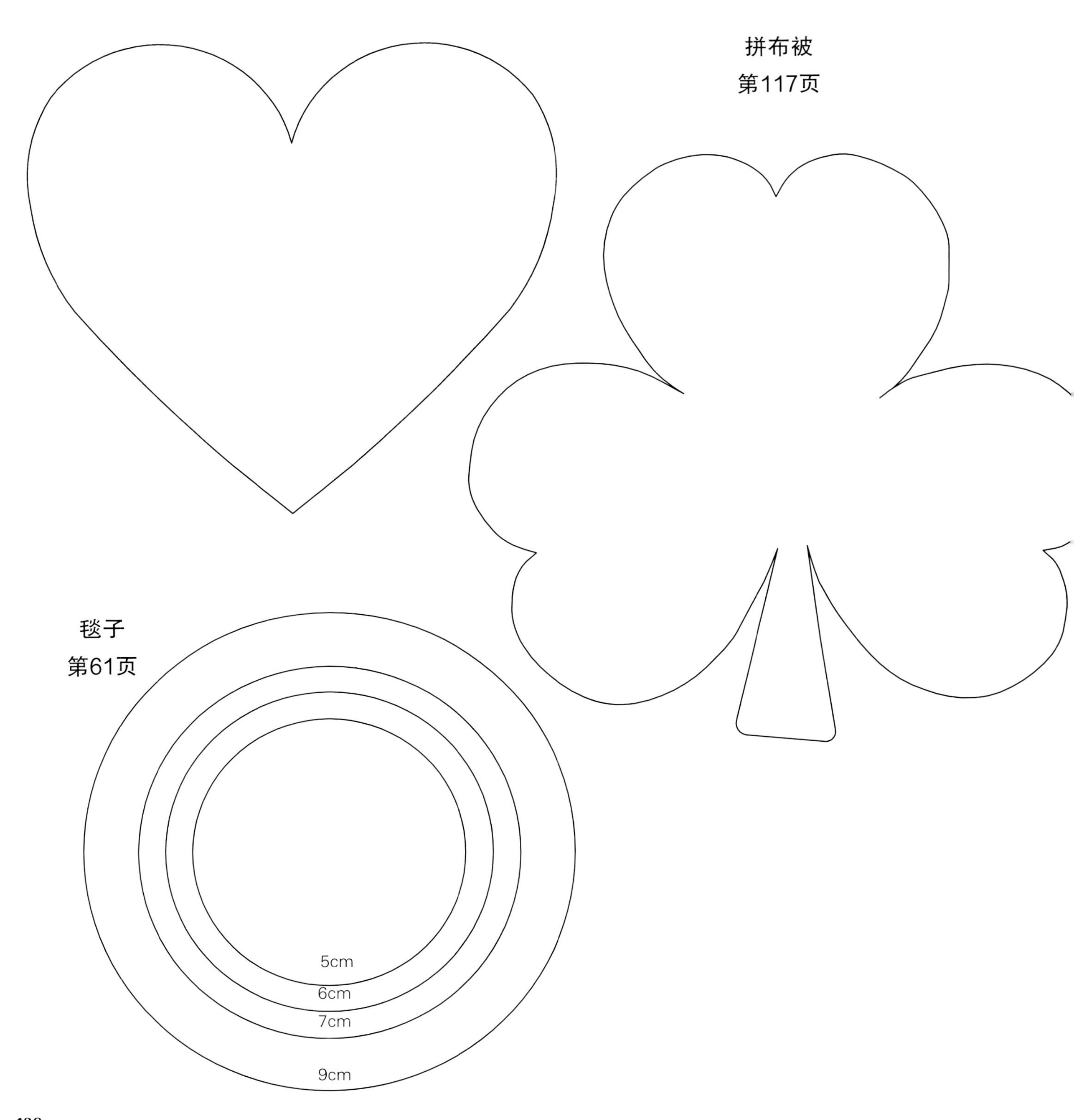
拼布被
第117页
毯子
第61页
5cm
6cm
7cm
9cm

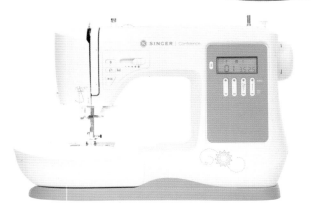